Leistungstests im Personalmanagement

W0387739

Praxis der Personalpsychologie

Human Resource Management kompakt

Band 19

Leistungstests im Personalmanagement

von Dr. Stefan Krumm und Prof. Dr. Lothar Schmidt-Atzert

Herausgeber der Reihe:

Prof. Dr. Heinz Schuler, Dr. Rüdiger Hossiep,
Prof. Dr. Martin Kleinmann, Prof. Dr. Werner Sarges

Leistungstests im Personalmanagement

von
Stefan Krumm und Lothar Schmidt-Atzert

HOGREFE
GÖTTINGEN · BERN · WIEN · PARIS · OXFORD · PRAG · TORONTO
CAMBRIDGE, MA · AMSTERDAM · KOPENHAGEN · STOCKHOLM

Dr. Stefan Krumm, geb. 1978, Studium der Psychologie an der Philipps-Universität Marburg. 2008 Promotion. Während der Promotion wissenschaftlicher Mitarbeiter in der Arbeitsgruppe Psychologische Diagnostik in Marburg und freiberuflicher Berater am TransMIT-Zentrum für Psychologisches Assessment (Tätigkeits-Schwerpunkt: Eignungsdiagnostik). Seit 2008 Berater und Spezialist für Forschung und Entwicklung beim Kölner Institut für Managementberatung (Köln). Inhaber der Lizenz A für berufsbezogene Eignungsbeurteilungen nach DIN 33430.

Prof. Dr. Lothar Schmidt-Atzert, geb. 1951. Studium der Psychologie in Tübingen und Gießen. Promotionsstipendium und anschließend wissenschaftlicher Mitarbeiter am Fachbereich Psychologie der Universität Gießen (Promotion 1980), Akad. Rat und dann Oberassistent am Institut für Psychologie der Universität Würzburg (Habilitation 1990), Vertretung von Professuren in Erfurt und Gießen, seit 2000 Universitätsprofessor für Psychologische Diagnostik am Fachbereich Psychologie der Universität Marburg. Leiter des TransMIT-Zentrums für Psychologisches Assessment, Lizenz A für berufsbezogene Eignungsbeurteilungen nach DIN 33430. Trainer zur Eignungsbeurteilung nach DIN 33430. Sprecher der Fachgruppe Differentielle Psychologie, Persönlichkeitspsychologie und Psychologische Diagnostik in der Deutschen Gesellschaft für Psychologie (DGPs), 2004-2008 Leiter der Kommission „Studierendenauswahl" in der DGPs, Mitglied des Testbeirats „Studieneignungsdiagnostik" in der Hochschulrektorenkonferenz. Autor mehrerer Fachbücher.

Bibliografische Information der Deutschen Nationalbibliothek

Die Deutsche Nationalbibliothek verzeichnet diese Publikation in der Deutschen Nationalbibliografie; detaillierte bibliografische Daten sind im Internet über http://dnb.d-nb.de abrufbar.

© 2009 Hogrefe Verlag GmbH & Co. KG
Göttingen · Bern · Wien · Paris · Oxford · Prag · Toronto
Cambridge, MA · Amsterdam · Kopenhagen · Stockholm
Rohnsweg 25, 37085 Göttingen

http://www.hogrefe.de
Aktuelle Informationen • Weitere Titel zum Thema • Ergänzende Materialien

Das Werk einschließlich aller seiner Teile ist urheberrechtlich geschützt. Jede Verwertung außerhalb der engen Grenzen des Urheberrechtsgesetzes ist ohne Zustimmung des Verlags unzulässig und strafbar. Das gilt insbesondere für Vervielfältigungen, Übersetzungen, Mikroverfilmungen und die Einspeicherung und Verarbeitung in elektronischen Systemen.

Umschlagabbildung: © Dima-Fotolia.com
Satz: Grafik-Design Fischer, Weimar
Druck: AZ Druck und Datentechnik GmbH, Kempten
Printed in Germany
Auf säurefreiem Papier gedruckt

ISBN 978-3-8017-2080-3

Inhaltsverzeichnis

Karten:

Berechnungsschablone für eine vereinfachte Berechnung des Nutzens eines Auswahlverfahrens

Checkliste zur Auswahl eines Testverfahrens
Checkliste für die Planung des Testablaufs

1 Leistungstests im Personalmanagement

1.1 Einführung des Begriffs

Aus dem beruflichen und privaten Umfeld weiß man, dass sich Menschen in vielen Merkmalen voneinander unterscheiden. Meist erkennt man solche Merkmale eher beiläufig. Beispielsweise könnte man zu der Erkenntnis gelangen, dass eine Person über ein umfangreiches Allgemeinwissen verfügt, wenn diese Person in Situationen beobachtet wird, in denen man Wissen unter Beweis stellen kann. Obwohl solche Situationen im Alltag durchaus auftreten, werden sich diese von Mal zu Mal voneinander unterscheiden. Vielleicht geht es zufällig um einen kleinen Wissensbereich, in dem die betreffende Person nicht allzu sehr bewandert ist. Zudem kann es von verschiedenen Randbedingungen abhängen, ob die betreffende Person ihr tatsächlich vorhandenes Wissen in vollem Maße zeigt. Zum Beispiel könnte sich unsere Person durch die Anwesenheit anderer eher zurückhalten, da sie nicht als „Schlauberger" bezeichnet werden möchte.

Fazit
Aufgrund gelegentlicher Beobachtungen können bestenfalls Vermutungen über Merkmale einer Person, in diesem Fall das Allgemeinwissen, angestellt werden.

Standardisierte Verfahren ermöglichen zuverlässige Aussagen

Um zuverlässigere Aussagen über Merkmale – in denen sich Menschen voneinander unterscheiden – machen zu können, gibt es standardisierte diagnostische Verfahren.

Dazu zählen Beobachtungsverfahren, Interviews, Persönlichkeitstests und Leistungstests. All diese Verfahren ermöglichen, wenn sie nach etablierten wissenschaftlichen Standards konstruiert und durchgeführt werden, eine standardisierte Messung der Ausprägung von klar definierten Merkmalen und damit auch einen fairen Vergleich verschiedener Personen.

Beantwortung wichtiger Fragen

Im Rahmen des Personalmanagements ist eine Diagnostik verschiedener Merkmale, die zuverlässig und nach wissenschaftlichen Standards durchgeführt wird, für alle Beteiligten von großem Vorteil, dient sie doch der Beantwortung wichtiger Fragen. Aus Sicht des Unternehmens stellen sich unter anderem die hier aufgeführten Fragen.

Diagnostische Fragen aus Sicht des Unternehmens
– Wie kann man den Mitarbeiter finden, der die optimalen Voraussetzungen für eine bestimmte Position mitbringt?

- Welche derzeitigen Mitarbeiter haben das Potenzial, gute Führungskräfte zu werden?
- Worin bestehen die individuellen Entwicklungsfelder der Mitarbeiter, die durch gezielte Maßnahmen gefördert werden können?

Anforderungsbezogenes Vorgehen notwendig

Nicht nur ethische Aspekte, sondern auch Standards und Normen wie die DIN 33430 (Westhoff et al., 2005) und nicht zuletzt ökonomische Gründe (vgl. Kapitel 3.4) verbieten eine laienhafte oder intuitive Diagnostik und machen bei der Ermittlung der relevanten Merkmale ein faires, standardisiertes und anforderungsbezogenes Vorgehen erforderlich.

Eignungsfeststellung im Personalmanagement

Generell wird im Rahmen des Personalmanagements versucht, die Eignung von Personen für einen Beruf, eine Position oder eine Tätigkeit festzustellen. Eignung bedeutet, dass die Eigenschaften einer Person mit den Anforderungen der Stelle korrespondieren.

Psychologische Tests sind eine wichtige Gruppe von Verfahren, mit deren Hilfe man die Eigenschaften einer Person messen kann. Bei manchen Eigenschaften stellen sie eine gute Alternative zu anderen Verfahren wie Beobachtungsverfahren (z. B. im Rahmen eines Assessment-Centers) oder Interviews dar. Andere Eigenschaften erfasst man dagegen besser mit anderen Verfahren. Bei vielen Fragestellungen ist ein multimethodales Vorgehen angemessen, also der Einsatz unterschiedlicher Verfahren zur Messung einer Eigenschaft.

1.2 Definition

Psychologische Tests können nach Brandstätter (1973, S. 82) „als standardisierte, routinemäßig anwendbare Verfahren zur Messung individueller Verhaltensmerkmale aufgefasst werden, aus denen Schlüsse auf Eigenschaften der betreffenden Person oder auf ihr Verhalten in anderen Situationen gezogen werden können".

In dieser Definition werden mehrere Aspekte genannt, die einen Test ausmachen:

1. Standardisierung

Die Durchführung, die Auswertung und die Interpretation des im Test gezeigten Verhaltens erfolgt immer nach den gleichen Regeln. Das Ergebnis soll demnach unabhängig davon zustande kommen, wer den Test durchführt, wer ihn auswertet und wer die erreichte Punktzahl interpretiert.

2. Messung individueller Verhaltensmerkmale
Erfasst wird das Verhalten, das eine Person bei der Bearbeitung des Tests zeigt, also beispielsweise, welche Antwort sie als „richtig“ oder „zutreffend“ ankreuzt oder wie lange sie für die Bearbeitung der Aufgaben benötigt.
3. Schlüsse auf Eigenschaften
Aus dem Verhalten im Test wird, je nach Messintention, auf bestimmte Eigenschaften der Testperson, wie etwa Intelligenz, Risikobereitschaft oder Konzentrationsfähigkeit, geschlossen. Dabei wird angenommen, dass die Eigenschaft auch in anderen Situationen verhaltswirksam wird. Wer etwa in einem Intelligenztest gute Leistungen erzielt, sollte auch im Alltag und im Beruf in der Lage sein, sich intelligent zu verhalten.

Der Testbegriff ist nicht alleine auf Leistungstests beschränkt. Man unterscheidet grob zwischen vier großen Bereichen von psychologischen Tests, die nachfolgend beschrieben werden:

Klassifikation Psychologischer Tests
– Leistungstests – Persönlichkeits- und Interessensfragebogen – Objektive Persönlichkeitstests – Projektive Verfahren

Maximales Verhalten

Mithilfe von *Leistungstests* wird festgestellt, wie schnell oder wie gut eine Testperson vorgegebene Aufgaben bearbeitet.

In der Physik wird Leistung als Arbeit pro Zeit definiert; dem kommt die hier beschriebene Konzeption sehr nahe. Die Testteilnehmer werden aufgefordert, „ihr Bestes“ zu geben, also *maximales Verhalten* zu zeigen. Mit Leistungstests werden Fähigkeiten (z. B. Intelligenz), Fertigkeiten, die durch Übung oder Lernen erworben wurden (Beispiel: Beherrschung der Grundrechenarten), und Wissen (z. B. Kenntnis der Verkehrsregeln) erfasst. Man geht davon aus, dass Unterschiede in der Testleistung durch eine unterschiedliche Ausprägung der zugrunde liegenden Fähigkeit bzw. Fertigkeit oder des Wissens zustande kommen.

Typisches Verhalten

Persönlichkeitsfragebogen sind standardisierte Verfahren zur Selbstbeschreibung einer Person hinsichtlich verschiedener Persönlichkeitseigenschaften (z. B. Gewissenhaftigkeit, Verträglichkeit). Interessensfragebogen dienen dazu, (berufsbezogene) Interessen zu erfassen.

Im Unterschied zu Leistungstests gibt es bei Persönlichkeits- und Interessensfragebogen keine absolut richtigen oder falschen Antworten; meist sollen die Befragten individuell angeben, in welchem Ausmaß eine bestimmte Aussage auf sie selbst zutrifft. Dabei sollen sie aufrichtige Angaben machen, die ihrem *typischen Verhalten* bzw. ihren persönlichen Interessen entsprechen.

Tatsächliches Verhalten

Objektive Persönlichkeitstests zielen ebenfalls auf Persönlichkeitseigenschaften ab, verlangen aber keine Selbsteinschätzung der befragten Person. Stattdessen wird konkretes Verhalten in standardisierte Situationen erfasst.

Dieses Verhalten dient dann als Indikator für eine bestimmte Eigenschaft. Z. B. verlangt der Objektive Leistungsmotivationstest (OLMT, Schmidt-Atzert, 2007) keine Selbsteinschätzung der eigenen Leistungsmotivation, sondern es wird unter verschiedenen Bedingungen gemessen, wie sehr sich die Testperson bei einer einfachen motorischen Aufgabe anstrengt.

Projektive Verfahren nicht einsetzbar

Bei *projektiven Verfahren* werden mehrdeutige Reize wie Tintenkleckse oder Zeichnungen von Situationen vorgegeben. Die Testperson soll z. B. angeben, was sie in dem Bild erkennt oder sie soll etwa eine phantasievolle Geschichte dazu erfinden.

Bei projektiven Verfahren wird angenommen, dass sich aufgrund der Antworten der Testperson Rückschlüsse auf bestimmte Eigenschaften ziehen lassen. Aufgrund mangelnder empirischer Belege ist der Einsatz im Rahmen der Eignungsdiagnostik jedoch nicht zu empfehlen (Kubinger & Proyer, 2005).

1.3 Klassifikation nach Inhalt

Einteilung nach Inhalt

Leistungstests werden in vielen Anwendungsbereichen (Personalbereich, Verkehrseignung, Bildungsbereich, etc.) und für ein breites Spektrum von Fragestellungen eingesetzt. Daher ist es sinnvoll, eine grobe Unterteilung der Leistungstests anhand des Inhalts vorzunehmen, sie also nach den Fähigkeiten bzw. Fertigkeiten, die sie zu messen beanspruchen, zu unterteilen.

Klassifikation der Leistungstests
– Allgemeine Leistungstests (z. B. Konzentrationstests) – Intelligenztests (z. B. Tests zum Schlussfolgernden Denken) – Spezielle Leistungstests (z. B. Büroarbeitstest) – Entwicklungstests – Schultests

In der beruflichen Eignungsdiagnostik finden vor allem Intelligenztests Verwendung, aber auch allgemeine Leistungstests sowie spezielle Leistungstests werden eingesetzt; unter letzeren werden Tests zur Erfassung spezieller Fähigkeiten, Fertigkeiten oder von Wissen verstanden. Für diese Verfahrensklassen wird nachfolgend ein Überblick gegeben. Entwicklungs- und Schultests finden im Personalmanagement keine Anwendung und sind hier nur aus Gründen der Vollständigkeit aufgeführt. Allenfalls bei speziellen Fragestellungen können auch Schultests eingesetzt werden, etwa um Rechtschreib- oder Rechenfertigkeiten zu überprüfen.

1. Allgemeine Leistungstests

Voraussetzungen für Leistungen

Unter allgemeinen Leistungstests versteht man Tests, die allgemeine Voraussetzungen für das Erbringen kognitiver Leistungen erfassen (Amelang & Schmidt-Atzert, 2006).

Darunter fallen vor allem Aufmerksamkeits- und Konzentrationstests. Es ist leicht ersichtlich, dass ohne ein gewisses Maß an Aufmerksamkeit und ohne sich zu konzentrieren, komplexere kognitive Leistungen – wie das Bearbeiten eines Intelligenztests – nicht möglich sind. Ein prominentes Beispiel für einen Konzentrationstest ist der Test d2 (Brickenkamp, 2002). Aufgabe der Testpersonen ist es hierbei, in einer Reihe mit d's und p's so schnell wie möglich alle d's, die mit zwei Strichen versehen sind, zu markieren. Damit gehört der Test d2 wie andere Konzentrationstests auch zu der Kategorie der „Speed"-Tests (vgl. Kapitel 1.4.4). Allgemeine Leistungstests sind nicht gleichzusetzen mit sogenannten Tests zur allgemeinen kognitiven Leistungsfähigkeit. Letztere Bezeichnung wird in der Fachliteratur häufig als Synonym für Intelligenztests verwendet.

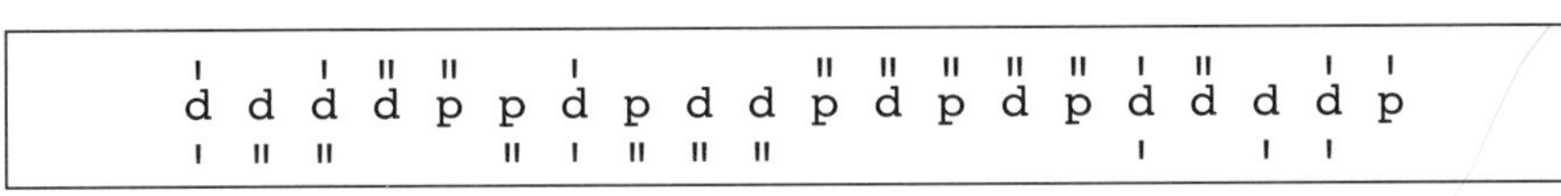

Abbildung 1:
Der Test d2 (aus: Brickenkamp, R., Schmidt-Atzert, L. & Liepmann, D. (im Druck). Test d2-R – Aufmerksamkeits-Belastungs-Test – revidierte Form. Göttingen: Hogrefe.)

2. Intelligenztests

Es existieren viele verschiedene Intelligenz-Definitionen und -Modelle. Neueren Definitionen ist vor allem gemeinsam, dass sie Intelligenz als Fähigkeit verstehen, mit mehr oder weniger komplexen Denkaufgaben umzugehen. Die meisten Intelligenztests verwenden hauptsächlich solche Denkaufgaben, bei denen aus vorgegebenen Informationen eine sinnvolle Schlussfolgerung gezogen werden soll.

Vorhersage von Schul-, Ausbildungs- und Berufserfolg

Intelligenztests (häufig auch als Tests zur allgemeinen kognitiven Leistungsfähigkeit bezeichnet) stellen eine sehr erfolgreiche Verfahrensgruppe in der psychologischen Diagnostik dar. Dies liegt vor allem an dem hohen Zusammenhang zwischen Intelligenztestergebnissen und Schul-, Ausbildungs- oder Berufserfolg (Neisser et al., 1996). Mittlerweile stehen viele verschiedene Intelligenztests zur Verfügung, die sich vor allem darin unterscheiden, welches Intelligenz-Modell ihnen zugrunde liegt. Ein Intelligenz-Modell macht Annahmen darüber, welche kognitiven Fähigkeiten dem Oberbegriff Intelligenz zuzuordnen sind und ob diese gemeinsam die *allgemeine Intelligenz* ausmachen, zu anderen globalen Intelligenzkomponenten (z. B. *fluide* und *kristallisierte* Intelligenz) gebündelt werden oder gar als eigenständige Intelligenz-Komponenten (praktische Intelligenz etc.) anzusehen sind.

Fluide und kristallisierte Intelligenz
Unter fluider Intelligenz versteht man weitgehend kulturunabhängige grundlegende Denkprozesse, wie z. B. Schlussfolgern oder Problemlösen. Unter kristalliner Intelligenz versteht man kultur-, und schulspezifisches Wissen, das man im Laufe einer Ausbildung, Schulung oder durch Erfahrung erworben hat.

Die meisten Tests streben die Erfassung der allgemeinen Intelligenz an, fassen diese aber unterschiedlich auf. Einige Tests fokussieren auf Aspekte, die als Kern der allgemeinen Intelligenz aufgefasst werden können (z. B. *Schlussfolgerndes Denken*), andere streben eine breite Erfassung von *Komponenten der Intelligenz* durch viele verschiedene Aufgabengruppen an (vgl. Kapitel 3.5.2).

Fazit
Zu verschiedenen Intelligenz-Modellen stehen Tests zur Verfügung, die sich in der Regel gut zur Vorhersage von Schul-, Ausbildungs- und Berufserfolg eignen.

3. Spezielle Leistungstests

Relevanz spezieller Fähigkeiten

Spezielle Leistungstests fokussieren, wie der Name schon sagt, auf spezielle Fähigkeiten (oder auch Fertigkeiten – diese können im Gegensatz zu Fähigkeiten erlernt werden), die für den jeweiligen Anwendungskontext relevant sind. In dem für psychologische und pädagogische Tests maßgeblichen Testkompendium (Brähler, Holling, Leutner & Petermann, 2002) sind diese Verfahren in der Kategorie „Spezielle Funktionsprüfungs- und Eignungstests" mit aufgeführt.

Eine spezielle Fähigkeit wäre zum Beispiel die *psychomotorische Geschicklichkeit*, eine spezielle Fertigkeit das *technisches Verständnis*. Als Beispiel für einen Test kann der Mannheimer Test zur Erfassung des physikalisch-technischen Problemlösens (Conrad, Baumann & Mohr, 1980) genannt werden (vgl. Kapitel 3.6.3). Im Prinzip kann man endlos viele spezielle Fähigkeiten postulieren und als relevant für einen bestimmten Bereich erachten. Obwohl dies in einigen Bereichen auch durchaus sinnvoll ist, bietet es sich dennoch an, diese speziellen Fähigkeiten in eine anerkannte Systematik zu integrieren. Gelingt dies, kann man auf bestehende Forschungsergebnisse zurückgreifen und eine klare Abgrenzung zu anderen Fähigkeiten vornehmen.

1.4 Klassifikation nach Durchführungsbedingung

Unterschiedliche Durchführungsbedingungen

Auch bei gleichem Inhalt können sich die jeweiligen Leistungstests hinsichtlich der Bedingungen, unter denen sie durchgeführt werden, unterscheiden. Dies ist nicht unerheblich und sollte bei der Entscheidung für oder gegen den Einsatz eines bestimmten Tests beachtet werden. Daher werden im Folgenden die Leistungstests nach Bedingungen unterschieden.

1.4.1 Einzel- oder Gruppentestung

Vorteile von Gruppentestungen

In vielen Anwendungsfällen ist es aus ökonomischer Sicht sinnvoll, Tests in Gruppen durchzuführen. Sollen z. B. in einem Ausbildungsbetrieb zum Beginn der nächsten Ausbildungsperiode insgesamt 30 neue Auszubildende eingestellt werden, so ist es im Vorfeld nötig, sehr viele Bewerber zu testen. Einzeltestungen wären hier sehr unökonomisch. Allerdings ist bei der Testauswahl zu beachten, dass nicht alle Tests für Gruppentestungen geeignet sind. Können die Bewerber[1] in dem Testraum aus Platzgründen nicht ausreichend voneinander entfernt sitzen, ist es vorteilhaft, wenn eine Parallelform des Tests, die sich meist nur in der Reihenfolge der einzelnen Aufgaben unterscheidet, vorliegt. So kann Abschreiben verhindert werden.

Parallelformen durch veränderte Aufgabenreihenfolge

Für viele Leistungstests stehen die Test- und Antworthefte in zwei Parallelformen – meist mit A und B bezeichnet – zur Verfügung. Das bedeutet in der Regel, dass die gleichen Aufgaben in veränderter Reihenfolge aufgeführt sind. Im Rahmen von Gruppentestungen kann so leicht verhindert werden, dass benachbarte Teilnehmer voneinander abschreiben.

1 Aus Gründen der Lesbarkeit werden Personenbezeichnungen im Folgenden stets in der männlichen Form vorgenommen.

„Echte“ Parallelformen

Bei einigen Tests stehen sogenannte *echte Parallelformen* zur Verfügung, die unterschiedliche Aufgaben beinhalten. Der Vorteil solcher Parallelformen gegenüber nur in der Reihenfolge veränderter Versionen besteht darin, dass Teilnehmer den selben Test auch mehrmals durchführen können (wie es bei Verlaufsuntersuchungen der Fall ist); die Verwendung einer nur in der Reihenfolge veränderten Form könnte dazu führen, dass Teilnehmer sich an die Lösung einzelner Aufgaben erinnern. Im Rahmen von Verlaufsuntersuchungen möchte man testen, wie sich die Fertigkeit eines Teilnehmers verändert hat (etwa durch ein gezieltes Training).

Nachteile von Gruppentestungen

Neben den v. a. ökonomischen Vorteilen einer Gruppentestung gibt es aber auch Nachteile. Generell sind Gruppentestungen anfälliger für Störungen und müssen daher sorgfältig geplant werden. Vor allem der Umgang mit Nachfragen während der Testdurchführung muss geklärt werden. Sollen während der Testung noch weitere Erkenntnisse gewonnen werden, z. B. im Rahmen einer Verhaltensbeobachtung, können nur Einzeltestungen erfolgen. Wenn die Testdurchführung am Computer erfolgt, ist die Gruppengröße auf die Anzahl verfügbarer Computer beschränkt. Da manche Tests nur als Computerversion verfügbar sind, sollte dieser Aspekt schon bei der Entscheidung für oder gegen einen bestimmten Leistungstest berücksichtigt werden.

Weiterhin kann bei einer Gruppentestung nachteilig sein, dass Testteilnehmer auch ihre „Konkurrenten“ kennen lernen. Bei der Besetzung von sehr spezifischen Arbeitsplätzen oder internen Personalauswahlverfahren kommt es gelegentlich vor, dass Kollegen aus derselben Abteilung eines Unternehmens sich plötzlich gemeinsam in einer Gruppentestung befinden. Um hier nicht auf Einzeltestungen ausweichen zu müssen, ist es im Vorfeld erforderlich, die Zusammensetzung der Gruppen zu prüfen.

Individueller Kontakt

Schließlich kann es aus Sicht des Auswählenden sinnvoll sein, dem Bewerber eine gewissen „Exklusivität“ zu vermitteln. Das Auswahlverfahren ist möglicherweise der erste Kontakt des Bewerbers mit dem Unternehmen und wird auch die Entscheidung aus Bewerbersicht beeinflussen. Wenn die Auswahlverfahren für ähnliche Positionen bei anderen Unternehmen stets individuell und im direkten Kontakt mit den Verantwortlichen stattfinden, könnte eine Gruppentestung abschreckend wirken.

Fazit

Eine Entscheidung für Einzel- oder Gruppentestungen kann nur unter Berücksichtigung verschiedener Randbedingungen getroffen werden und sollte ein wichtiges Kriterium bei der Auswahl des „richtigen“ Leistungstests sein.

1.4.2 Papier-und-Bleistift oder Computer

Viele Papier-und-Bleistift-Tests sind mittlerweile auch als Computerversion erhältlich. Für die Testperson ist es meist unerheblich, ob sie auf einem Antwortbogen ein Kreuz macht, eine Zahl schreibt etc. oder ob sie eine entsprechende Eingabe am Computer tätigt. Am Computer erfolgen die Eingaben per Maus, mit der Tastatur oder über einen Touchscreen. Bei sorgfältiger Konstruktion führen beide Varianten zum gleichen Ergebnis. Für die Auswahlentscheidung sind vor allem ökonomische Überlegungen maßgeblich.

Zusätzliche Information durch Computer

Einige Leistungstests sind nur als Computerversion verfügbar. Dies kann daran liegen, dass z. B. Reaktionszeiten erfasst werden sollen, sich ständig ändernde Reize dargeboten werden oder computersimulierte Szenarien eingesetzt werden, um komplexes Problemlöseverhalten zu testen. Eine adaptive Testvorgabe (siehe Abschnitt 1.4.3 *Adaptive oder konventionelle Tests*) ist in der Regel nur am Computer möglich. Untersuchungen zeigen, dass durch Computertestungen keine Benachteiligung bestimmter Personengruppen stattfindet und keine Akzeptanzprobleme bestehen (Klinck, 2002). Die Vorteile einer computergestützten Testdurchführung sind in der folgenden Übersicht dargestellt.

Vorteile computergestützter Leistungstests
– Ökonomische Auswertung – Hoch standardisierte Durchführung und Auswertung – Möglichkeiten des Einsatzes von sich bewegenden Reizen, Videos oder Szenarien – Erfassung verschiedener (Zusatz-)Variablen (z. B. Reaktionszeiten) – Entlastung für den Testleiter

1.4.3 Adaptive oder konventionelle Tests

Anpassung an Fähigkeitsniveau

Gut konstruierte Leistungstests verfügen über Aufgaben mit unterschiedlichem Schwierigkeitsgrad. Beispielsweise können die bereits erwähnten Zahlenreihen unterschiedlich schwer zu erkennende Regeln beinhalten. Die Idee des adaptiven Testens besteht darin, den jeweiligen Testteilnehmern möglichst nur solche Aufgaben zu stellen, die optimal an ihr Fähigkeitsniveau angepasst sind. Auf Aufgaben, die für die Testperson zu leicht oder zu schwer sind, kann man verzichten. Sie tragen wenig dazu bei, die Ausprägung der Fähigkeit zu bestimmen. Dass damit eine bestmögliche Testung der Personen bei gleichzeitig geringer Aufgabenzahl und damit geringer Testdauer möglich ist, kann man sich leicht an einem Beispiel aus dem Bereich des Sports veranschaulichen.

Logik des adaptiven Testens

Beim Gewichtheben stemmen die Sportler nacheinander immer schwerer werdende Gewichte hoch. Die Gewichte sind vergleichbar mit immer schwerer werdenden Aufgaben in einem psychologischen Leistungstest.

Würde man zur Weltelite gehörenden Gewichthebern nun zunächst zehn sehr leichte Gewichte geben und dann erst zehn für ihre Leistungsfähigkeit angemessene Gewichte, so würde der Wettbewerb nicht aufgrund der ersten zehn Gewichte entschieden. Es ist leicht zu sehen, dass man die ersten zehn Gewichte weglassen könnte, ohne dass dies Konsequenzen für den Ausgang des Wettbewerbs haben würde. Genauso würden Gewichte, die nur von der Weltelite gestemmt werden können, keinen zusätzlichen Informationsgewinn zur Ermittlung eines Siegers in einem regionalen Wettbewerb liefern.

Das Prinzip des adaptiven Testens lässt sich so zusammenfassen: Sind schon gewisse Erkenntnisse bezüglich der Leistungsfähigkeit einer Person vorhanden – etwa weil sie bereits die ersten fünf Aufgaben richtig gelöst hat – kann man getrost sehr leichte Aufgaben weglassen und gleich zu schwereren Aufgaben übergehen.

Man lässt also zunächst einmal die Aufgaben weg, bei denen man sich ziemlich sicher ist, dass sie von der jeweiligen Person auf jeden Fall gelöst werden. Man lässt ebenfalls solche Aufgaben weg, bei denen man sich ziemlich sicher ist, dass sie von der jeweiligen Person auf keinen Fall gelöst werden. Die Aufgaben, von denen man sich nicht sicher ist, ob die Person sie lösen kann oder nicht, gibt man ihr zur Bearbeitung vor.

Vorteile des adaptiven Testens

Der Vorteil des adaptiven Testens liegt hauptsächlich in der – im Vergleich zur konventionellen Testung – geringeren Testdauer bei gleicher Genauigkeit der Messung. In der Regel macht eine solche Testdurchführung den Einsatz eines Computers notwendig.

1.4.4 „Speed“ oder „Power“-Tests

Knappe Bearbeitungszeit

Reine „Speed“- oder Geschwindigkeits-Tests sind dadurch gekennzeichnet, dass sie aus Aufgaben bestehen, die von nahezu allen Probanden fehlerfrei gelöst werden können.

Die Schwierigkeit besteht darin, die Aufgaben innerhalb einer stark begrenzten Bearbeitungszeit zu lösen. Als Beispiel kann der bereits erwähnte Test d2 (vgl. Kapitel 1.3.1) herangezogen werden. Die Aufgabe – alle mit zwei Strichen versehenen d's zu markieren – wäre ohne die knappe Zeitvorgabe leicht lösbar. Die begrenzte Bearbeitungszeit führt aber dazu, dass Testteilnehmer sich in der Anzahl der bearbeiteten Aufgaben unterscheiden und zudem auch Fehler machen, die zur Leistungsbestimmung herangezogen werden können.

Keine Zeitbegrenzung

Reine „Power"- oder Niveau-Tests haben dagegen keine Zeitbegrenzung: Der Teilnehmer kann selbst bestimmen, wie lange er an einer Aufgabe arbeiten möchte.

Ihre Schwierigkeit besteht in den Aufgaben selbst, die zunehmend schwerer werden. Die meisten Menschen schaffen es trotz unbegrenzter Bearbeitungszeit nicht, alle Aufgaben richtig zu lösen. Ein Beispiel für einen solchen Test findet sich bei einer Gruppe von Intelligenztests, den Matrizen-Tests (vgl. Kapitel 3.6.2). Die Aufgaben in diesem Test bestehen aus unvollständigen geometrischen Mustern oder Figuren, die einem logischen Prinzip folgend ergänzt werden sollen.

Kombination aus „Speed und Power"

Die meisten Intelligenztests enthalten sowohl eine Speed- als auch eine Powerkomponente, wie z. B. der Intelligenz-Struktur-Test 2000 R (Amthauer, Brocke, Liepmann & Beauducel, 2001) (vgl. Kapitel 3.6.2). Die Testzeit ist moderat begrenzt und die Aufgabenschwierigkeit steigt innerhalb jeder Aufgabengruppe an. Sie kommen damit einem Aspekt der beruflichen Realität nahe: Die meisten Leistungen sind fehlerfrei in einer (angemessenen) Zeit zu erbringen.

Fazit

Man kann Tests unterscheiden, die
- sehr leichte Aufgaben beinhalten, aber eine starke Zeitbegrenzung vorsehen („Speed"-Tests),
- sehr schwere Aufgaben ohne Zeitbegrenzung vorgeben („Power"-Tests),
- mit einer moderaten Zeitbegrenzung und ansteigenden Aufgabenschwierigkeiten ausgestattet sind.

1.4.5 Dauer der Durchführung

Kurze Testdauer durch adaptives Testen

Je nach Anwendungsfall und Umfang des gesamten Auswahlverfahrens kann die Dauer der einzelnen Leistungstests eine wesentliche Rolle spielen. Tests, die den Anspruch haben, die Struktur der Intelligenz zu erfassen (sog. Intelligenz-Struktur-Tests), beinhalten unterschiedliche Aufgabengruppen und haben eine entsprechend lange Durchführungsdauer. Tests, die auf den Kernbereich der Intelligenz, wie etwa das Schlussfolgernde Denken fokussieren, sind in der Regel etwas kürzer. Für Anwender, denen eine möglichst kurze Durchführungsdauer wichtig ist, bieten manche Testautoren zusätzlich eine Kurzform des Original-Tests an. Zudem kann man in der Regel dem Testmanual entnehmen, ob anstelle des Gesamttests eine Vorgabe von einzelnen Aufgabengruppen zu empfehlen ist. Bei verkürzten Testformen sollte allerdings die Messgenauigkeit (vgl. Kapitel 3.5.2) besonders beachtet werden: Eine kürzere Testung ist stets mit einer größeren Ungenauigkeit der „Messung" verbunden. Als gute Lösung für eine kurze Testdauer bei möglichst hoher Messgenauigkeit wurde bereits das adaptive Testen vorgestellt (vgl. Kapitel 1.4.3).

Fazit

Bei manchen Tests muss eine längere Durchführungsdauer in Kauf genommen werden. Kurzformen sollten darauf geprüft werden, ob die Genauigkeit der Messung noch ausreichend ist.

1.4.6 Zielgruppe

Unterschiedliche Zielgruppen

Psychologische Tests unterscheiden sich auch in der jeweiligen Zielgruppe, für die sie konzipiert wurden. Zielgruppen können Jugendliche, Erwachsene, Personen mit Haupt- und Realschulabschluss oder mit Hochschulausbildung sein.

Zur Lösung mancher Testaufgaben braucht man Vorwissen, über das einige Zielgruppen nicht verfügen. Auch kann die Beschaffenheit der Aufgaben bei bestimmten Zielgruppen zu Akzeptanzproblemen führen (z. B. „Wozu muss man wissen, was eine Bilanz ist?"). Darüber hinaus beziehen sich die im Testmanual aufgeführten Angaben zu den Testeigenschaften (Messgenauigkeit etc.) meist nur auf die Zielgruppe des Tests und können nicht ohne weiteres auf andere Personengruppen übertragen werden. In der Regel liegen auch nur für die jeweiligen Zielgruppen entsprechende Tabellen vor, anhand derer man die Ergebnisse einer getesteten Person mit einer repräsentativen Vergleichsstichprobe in Beziehung setzen kann (sog. Normen).

Fazit

Tests können nur für die Zielgruppe angewandt werden, für die sie auch konzipiert wurden.

1.5 Gemeinsamkeiten und Unterschiede zu anderen eignungsdiagnostischen Verfahren

Unterschiedliche Verfahren für gleiches Merkmal

Natürlich können im Personalmanagement nicht nur Leistungstests eingesetzt werden – es wird sogar explizit empfohlen, mehrere verschiedene Verfahren zur Messung des gleichen Merkmals einzusetzen. Dadurch können verlässlichere Erkenntnisse gewonnen werden, die nicht auf einer einzigen „Messung" beruhen. Eine gute Einteilung verschiedener eignungsdiagnostischer Verfahren ermöglicht der trimodale Ansatz der beruflichen Eignungsdiagnostik (Schuler & Höft, 2004). Hierbei werden eigenschaftsorientierte, simulationsorientierte und biografieorientierte Verfahren unterschieden. Diese Verfahrensgruppen werden im Folgenden näher erläutert. Der trimodale Ansatz ist zudem in Kapitel 2.2 näher beschrieben.

Fazit
Neben Leistungstests können andere eignungsdiagnostische Verfahren wichtige Zusatzinformationen liefern oder bereits gewonnene Erkenntnisse zusätzlich absichern.

1. Eigenschaftsorientierte Verfahren

Stabile Eigenschaften

Leistungstests, Persönlichkeitstests und auch deren Untergruppe der Objektiven Persönlichkeitstests versuchen, auf stabile Eigenschaften einer Person zu schließen.

Dahinter steht die Annahme, dass die berufliche Leistung durch ganz bestimmte Eigenschaften einer Person vorhergesagt werden kann. Auch die in der Eignungsdiagnostik sehr beliebten Interviews können so konstruiert werden, dass ein Schluss auf Eigenschaften möglich ist. Der große Vorteil des eigenschaftsorientierten Ansatzes besteht darin, dass einige Eigenschaften (Fähigkeiten oder Persönlichkeitsmerkmale) bei vielen Tätigkeiten relevant sind. Ein hohes Maß an Intelligenz beispielsweise wird sowohl im Controlling als auch im Vertrieb nützlich sein. Somit liefern gut gewählte eigenschaftsorientierte Verfahren Erkenntnisse, die auch über die aktuelle Tätigkeit hinaus gelten. Zudem stehen für viele Anwendungsfälle bereits etablierte Verfahren in Form von psychologischen Tests zur Verfügung und müssen nicht erst entwickelt werden. Als Nachteil könnte angeführt werden, dass ein erfolgreicher Mitarbeiter eine ganze Bandbreite an Eigenschaften aufweisen muss. Bereits einzelne Fähigkeiten zuverlässig zu erfassen, kann zu einer aufwändigen Testung führen. Hier sind Kosten/Nutzen-Überlegungen anzustellen (vgl. Kapitel 1.6.5 und 1.7). Zudem ist darauf zu achten, ob die Hinzunahme eines weiteren Testverfahrens auch wirklich noch einen zusätzlichen Nutzen bringt (vgl. Tabelle 2).

Fazit
Eigenschaftsorientierte Verfahren erfassen stabile Eigenschaften, die in verschiedenen Berufsfeldern relevant sein können und zu denen man meist in der Fachliteratur weitere Informationen findet. Man kann in der Regel auf etablierte Verfahren zurückgreifen.

2. Simulationsorientierte Verfahren

Realitätsnahe Abbildung des Berufsalltags

Simulationsorientierte Verfahren versuchen, den betrieblichen Alltag möglichst realitätsnah abzubilden, indem für den späteren Beruf repräsentative Aufgaben simuliert werden.

Zu dieser Verfahrensgruppe gehören z. B. Arbeitsproben und bestimmte Assessment-Center-Übungen. Das konkrete Verhalten, das sich während der Durchführung solcher Verfahren beobachten lässt, dient dabei als direkter Indikator für vergleichbares Verhalten im beruflichen Umfeld. Insbesondere Assessment-Center sind in der Praxis wegen ihres augenscheinlich hohen Bezugs zu den Anforderungen des Berufsalltags sehr beliebt (Kleinmann, 2003). Häufig beinhalten Assessment-Center jedoch auch Leistungstests: Die oft verwendete Postkorbaufgabe beispielsweise kann als Leistungstest verstanden werden.

Assessment-Center
Schuler und Höft (2004) beschreiben Assessment-Center als eine multiple Verfahrenstechnik, in der mehrere Einzelverfahren zum Einsatz kommen, um berufsrelevante Merkmale zu erfassen. Assessment-Center sind geprägt durch eine starke Verhaltensorientierung; die Teilnehmer absolvieren verschiedene Übungen, die Aspekte des Berufs simulieren, und ihr Verhalten wird dabei beobachtet und beurteilt. Es können aber auch eigenschaftsorientierte Verfahren (wie z. B. Leistungstests) im Rahmen von Assessment-Centern eingesetzt werden.

Hoher Konstruktionsaufwand

Sollen simulationsorientierte Verfahren neu erstellt werden, erfordert dies – wie bei der Neuentwicklung von Tests – einen hohen Konstruktionsaufwand. Obwohl man in einigen Fällen auf bestehende Simulationen (z. B. Standard-AC-Übungen) zurückgreifen kann, stehen in der Regel keine Routineverfahren zur Verfügung. Daher müssen Simulationen meist für den jeweiligen Anwendungskontext entwickelt werden. Es ist unklar, inwieweit die mit simulationsorientierten Verfahren getroffenen Aussagen auch bei wechselnden Anforderungen des Berufs ihre Gültigkeit behalten. Schließlich erfasst man hier häufig *maximales* Verhalten, da die teilnehmenden Personen sich so positiv wie möglich verhalten werden. Ein solches Verhalten muss nicht mit dem späteren *typischen* Verhalten im beruflichen Alltag korrespondieren.

Fazit

Simulationsorientierte Verfahren müssen in der Regel für den jeweiligen Anwendungskontext konzipiert werden. Durch ihre Nähe zum beruflichen Alltag haben sie bei Anwendern und Bewerbern eine hohe Akzeptanz.

3. Biografieorientierte Verfahren

Biografieorientierte Verfahren versuchen, durch Verhalten, das in der Vergangenheit gezeigt wurde, auf zukünftiges Verhalten zu schließen.

Vergangenes = zukünftiges Verhalten

Zu dieser Verfahrensklasse gehören vor allem biografische Fragebogen und biografische Interviews. Auch Persönlichkeitsfragebogen können Fragen enthalten, die sich, allerdings meist in verallgemeinerter Form, auf früheres Verhalten beziehen.

Biografische Fragebogen oder so genannte Bewerberchecklisten eignen sich vor allem zur Vorauswahl bei einer großen Bewerberanzahl. Der Einsatz dieser Verfahren ist allerdings bei sehr jungen oder unerfahrenen Bewerbern (z. B. Auszubildenden) meist nicht sinnvoll: Diese haben zumeist sehr einheitliche Biografien bzw. wenige – für zukünftigen Anforderungen relevante – Erfahrungen.

Interviews

Interviews sind sehr beliebte Verfahren im Rahmen der Personalauswahl (Schuler, Hell, Trapmann, Schaar & Boramir, 2007) und werden in unterschiedlichster Form durchgeführt. Empirische Untersuchungen zeigen, dass Interviews vor allem dann nützliche Verfahren zur Personalauswahl sind, wenn sie strukturiert und standardisiert durchgeführt werden (also alle Bewerber anhand desselben Leitfadens befragt werden), die Fragen einen engen Bezug zu beruflichen Anforderungen aufweisen und die Auswertung mithilfe von Auswertungs-„Ankern“ erfolgt. Eine bewährte Interviewstruktur stellt das Multimodale Interview dar (Schuler, 1992).

1.6 Bedeutung für das Personalmanagement

Die Bedeutung von Leistungstests im Personalmanagement wird im Folgenden anhand von Einsatzhäufigkeit, Vorhersagekraft für berufliche Erfolgskriterien und Vorhersagekraft im Vergleich zu anderen diagnostischen Verfahren dargelegt. Darüber hinaus wird die Bedeutung von Leistungstest in Bezug auf Akzeptanz und Kosten diskutiert. Zusätzlich erfolgt eine Einschätzung der Bedeutung von Leistungstests für Personalentwicklung und -marketing.

1.6.1 Einsatzhäufigkeit eignungsdiagnostischer Verfahren

Die Einsatzhäufigkeit und *Prognosegüte* von gängigen eignungsdiagnostischen Verfahren sind in Tabelle 1 dargestellt. Die Prognosegüte eines Verfahrens bezeichnet das Ausmaß, in dem Ausbildungs- und Berufserfolg damit tatsächlich vorhergesagt werden können. Anstelle des Begriffs Prognosegüte wird häufig auch von *Kriteriumsvalidität* oder *prognostischer Validität* gesprochen.

Tabelle 1:
Einsatzhäufigkeit und Prognosegüte eignungsdiagnostischer Verfahren

Auswahlverfahren	Ausbildungserfolg			Berufserfolg			
	Einsatzhäufigkeit (%)		Prognosegüte	Einsatzhäufigkeit (%)			Prognosegüte
	TA	KA		FA	A	FK	
Bewerbungsunterlagen	98	99		98	98	97	
Personalfragebogen	55	56		55	59	51	
Online-Bewerbungsunterlagen	50	51		49	63	52	
Intelligenztest	23	31	0.56	1	6	1	0.51
Arbeitsproben	19	15		10	19	9	0.54
Berufsspez. Leistungstest	33	37		4	7	1	0.48
Strukturiertes Interview (PA)	67	67	0.35	65	72	71	0.51
Unstrukturiertes Interview (PA)	14	15	0.35	21	22	18	0.38
Persönlichkeitsfragebogen	6	6	0.30	1	0	18	0.31
Assessment-Center	21	31		2	8	15	0.37
Biografischer Fragebogen	1	1	0.30	1	2	2	0.35

Tabelle 1 (Fortsetzung)

Auswahlverfahren	Ausbildungserfolg			Berufserfolg			
	Einsatzhäufigkeit (%)		Prognosegüte	Einsatzhäufigkeit (%)			Prognosegüte
	TA	KA		FA	A	FK	
Referenzen	1	1	0.23	5	12	42	0.26
Grafologisches Gutachten	0	0		0	0	1	0.02

Anmerkungen: Höhe der Prognosegüte: 0.00 = kein Zusammenhang, 1.00 = perfekter Zusammenhang, 0.30–0.50 = in der Eignungsdiagnostik bereits als gut bis sehr gut zu bewerten; TA = technische Auszubildende, KA = kaufmännische Auszubildende, FA = Facharbeiter, A = Angestellte ohne Führungsaufgaben, FK = Führungskräfte (gemittelte Werte aus drei Führungsebenen), PA = Durchführung durch Personalabteilung

Die Einsatzhäufigkeit ist einer aktuellen Umfrage der Arbeitsgruppe von Schuler (Schuler et al., 2007) entnommen und beschreibt den prozentualen Anteil der Auswahlverfahren je Bewerbergruppe in Deutschland.

Die Angaben zur Prognosegüte entstammen einer umfangreichen Untersuchung von Schmidt und Hunter (1998). Hierbei handelt es sich um eine sogenannte *Meta-Analyse*, in der die Ergebnisse aus zahlreichen einzelnen Untersuchungen gemeinsam betrachtet werden.

Fazit

In Deutschland werden Leistungstests (Intelligenztests und berufsspezifische Leistungstests) viel seltener zur Auswahl von Facharbeitern, Angestellten und Führungskräften eingesetzt, als man nach ihrer Prognosegüte erwarten dürfte. Selbst bei der Auswahl von Auszubildenden kommen sie nur in etwa einem Drittel aller Fälle zum Einsatz, obwohl gerade die Intelligenztests hier eine höhere Prognosegüte haben als alle anderen Verfahren.

Prognosegüte besser als Einsatzhäufigkeit

1.6.2 Relevanz für Ausbildungs- und Berufserfolg

Anforderungsbezug

Egal welche Entscheidungshilfen das Personalmanagement heranzieht, es ist immer mit der herausfordernden Frage konfrontiert, inwiefern die eingesetzten Verfahren die relevanten Anforderungen im Beruf abbilden. Mittlerweile hat diese zentrale Frage auch Eingang in eine Norm (DIN 33430, siehe Kapitel 2.1) gefunden. Im Rahmen der DIN 33430 wird u. a. ein expliziter Bezug der über den Bewerber erhobenen Informationen zu den beruflichen Anforderungen gefordert. Es ist daher eine wichtige Aufgabe des Personalmanagements, diese beruflichen Anforderungen zu identifizieren und die zu deren Erfassung am besten geeigneten Auswahlverfahren einzusetzen. Eine gute Orientierung können hierbei wissenschaftliche Untersuchungen sein, die die Relevanz verschiedener Auswahlverfahren für den Berufserfolg untersucht haben.

Prognosegüte empirisch ermitteln

Inwiefern Ergebnisse in bestimmten Auswahlverfahren tatsächlich relevant für den beruflichen Erfolg oder den Ausbildungserfolg sind, lässt sich empirisch überprüfen. Dazu setzt man z. B. die erzielten Punkte in einem Intelligenztest in Beziehung zu den Punkten in der IHK-Abschlussprüfung und gewinnt so Erkenntnisse darüber, wie gut die Leistung in der IHK-Abschlussprüfung durch den zur Personalauswahl eingesetzten Intelligenztest vorhergesagt werden kann. Man erfährt also etwas über die Prognosegüte des Auswahlverfahrens in Bezug auf ein relevantes Kriterium. Die ermittelte Prognosegüte kann dann mit der anderer Verfahren, die in wissenschaftlichen Studien mitgeteilt wird, verglichen werden. Ist diese ähnlich oder sogar höher, kann man das Auswahlverfahren mit gutem Gewissen einsetzen; liegt sie deutlich unter dem Wert, der in Studien mit vergleichbaren Randbedingungen ermittelt wurde, so besteht wahrscheinlich noch Spielraum zur Optimierung der eigenen Auswahlmethode.

Fazit

Der Einsatz eines eignungsdiagnostischen Verfahrens ist nur dann gerechtfertigt, wenn es relevante Kriterien (z. B. Berufserfolg) vorhersagt. Diese Prognosegüte kann empirisch geprüft werden und mit Ergebnissen anderer Untersuchungen verglichen werden.

Meta-Analysen als Orientierung

Natürlich möchte man die Entscheidung, ob ein Auswahlverfahren beibehalten werden kann oder optimiert werden muss, nicht treffen, indem man die eigenen Ergebnisse mit einer einzigen anderen wissenschaftlichen Studie vergleicht. Daher gibt es sogenannte *Meta-Analysen*. Diese aggregieren die Erkenntnisse aus vielen einzelnen Studien und berechnen – im Falle der Eignungsdiagnostik – die mittlere berichtete Prognosegüte über all diese Studien. Die so ermittelten Werte basieren daher auf Daten von oftmals mehr als 10.000 Teilnehmern und können mit einiger Berechtigung als aussagekräftig angesehen werden. Die Ergebnisse einer der bekanntesten Meta-Analysen im Bereich der Eignungsdiagnostik sind in Tabelle 1 dargestellt. Fazit dieser und anderer Meta-Analysen ist, dass Ausbildungserfolg am besten durch Intelligenztests vorhergesagt werden kann. Bezüglich des beruflichen Erfolges kann man allgemeinen kognitiven Fähigkeitstests, Arbeitsproben und strukturierten Interviews vergleichbare hohe Prognosegüten attestieren.

Intelligenztests sagen Berufserfolg vorher

Die Untersuchung, auf die in Tabelle 1 Bezug genommen wird, bezieht sich vor allem auf Berufe mittlerer Komplexität. Es liegt daher nahe, zu fragen, ob die herausragende Bedeutung der Intelligenztests auch für Berufe höherer oder niedrigerer Komplexität gilt. Auch damit haben sich Wissenschaftler beschäftigt. Generell gilt, je komplexer ein Beruf, desto besser eignen sich Tests zur Messung der allgemeinen Intelligenz zur Vorhersage des Berufs- bzw. Ausbildungserfolgs (Salgado, Anderson, Moscoso, Bertua, de Fruyt et al., 2003). Bei wenig komplexen Berufen fällt die Vorhersagekraft vergleichsweise niedrig aus. Hier spielen – je nach Beruf – neben der allgemeinen Intelligenz andere Fähigkeiten (z. B. motorische Geschicklichkeit) auch eine Rolle (Schmidt-Atzert, 2005) und können als zusätzliche Prädiktoren verwendet werden. Natürlich lassen sich auch diese Fähigkeiten durch Leistungstests erfassen.

Fazit

Intelligenztests eignen sich außerordentlich gut zur Vorhersage von Ausbildungs- und Berufserfolg. Ihre Prognosegüte ist umso höher, je komplexer die beruflichen Anforderungen sind.

Da nun schon häufiger von der Prognosegüte die Rede war, soll nun näher auf die Koeffizienten eingegangen werden, anhand derer man die Höhe der Prognosegüte bemisst.

Bestimmung der Prognosegüte

Einen Koeffizienten von 0.56, wie er für die Prognosegüte von allgemeinen kognitiven Fähigkeitstests hinsichtlich der Vorhersage des Ausbildungserfolgs angegeben wird, kann man auch als Prozentzahl darstellen. Dazu geht man vereinfachend davon aus, dass 50 % aller getesteten Personen als „geeignet" beurteilt werden und dass ebenfalls 50 % aller getesteten Personen tatsächlich „geeignet" sind. Jedoch müssen die 50 %, die durch den Test identifiziert werden, nicht unbedingt mit den 50 % tatsächlich Geeigneten übereinstimmen. Dies wäre nur bei einem Koeffizienten von 1 der Fall.

Testergebnis

Berufliche Leistung	geeignet (100 Personen)	ungeeignet (100 Personen)
erfolgreich (100 Personen)	$50 + 50 \times 0{,}56$ **= 78** tatsächlich Erfolgreiche, die ein positives Ergebnis im Test hatten	$50 - 50 \times 0{,}56$ **= 22** tatsächlich Erfolgreiche, die ein negatives Ergebnis im Test hatten
nicht erfolgreich (100 Personen)	$50 - 50 \times 0{,}56$ **= 22** tatsächlich nicht Erfolgreiche, die ein positives Ergebnis im Test hatten	$50 + 50 \times 0{,}56$ **= 78** tatsächlich nicht Erfolgreiche, die ein negatives Ergebnis im Test hatten

Die 4-Felder-Tafel zeigt, dass bei einer Prognosegüte von 0.56 von insgesamt 200 Bewerbern lediglich 44 (22 %) falsch beurteilt würden. Hierbei sind jedoch für das Unternehmen in erster Linie die Personen relevant, die tatsächlich ungeeignet sind, aber dennoch eine Einstellungsempfehlung erhalten haben. Somit senkt sich – im Hinblick auf die praktische Anwendung eines Tests mit einer Prognosegüte von 0.56 – die Fehlerquote für das Unternehmen auf 11 %.

Dass die in der 4-Felder-Tafel gezeigten Zusammenhänge sich bei anderen Randbedingungen deutlich verschieben können – also wenn nicht 100 der 200 Bewerber ausgewählt werden bzw. wenn nicht 100 der 200 Bewerber prinzipiell geeignet sind – wird in Kapitel 1.7 näher erläutert. Darüber hinaus ist der hier angenommene Wert von 0.56 ein um verschiedene Einflüsse korrigierter Wert, den man in dieser Höhe als unkorrigiertes Ergebnis nicht erwarten darf.

Bei einem perfekten Zusammenhang von 1.00 würde folgende Behauptung uneingeschränkt gelten: je besser das Ergebnis in einem Auswahlverfahren, desto besser auch die berufliche Leistung. Dies ist zwar stets das Ziel, einen solchen perfekten Zusammenhang wird man aber aus vielerlei Gründen in der Realität nicht finden. Prognosen in der Eignungsdiagnostik können als gut bis sehr gut bewertet werden, wenn die entsprechenden Koeffizienten zwischen 0.30 und 0.50 liegen.

1.6.3 Einsatz zusätzlicher Verfahren

Verfahren zusätzlich zu Intelligenztests sinnvoll?

Große Untersuchungen in Nord-Amerika und Europa (Salgado, Anderson, Moscoso, Bertua & de Fruyt, 2003; Schmidt & Hunter, 1998), die Ergebnisse aus vielen verschiedenen Branchen einschließen, beschäftigten sich mit der Frage, inwiefern die Vorhersage des Berufs- und Ausbildungserfolgs durch weitere Verfahren verbessert wird, wenn man diese zusätzlich zu allgemeinen kognitiven Fähigkeitstests (Intelligenztests) einsetzt.

Eine solche Verbesserung ist vor allem dann zu erwarten, wenn die zusätzlichen Verfahren selbst eine hohe Prognosegüte haben und neue Aspekte des Berufs- und Ausbildungserfolgs vorhersagen, die nicht bereits durch allgemeine kognitive Fähigkeitstests vorhergesagt werden.

Ergebnis vieler wissenschaftlicher Studien

Über allgemeine kognitive Fähigkeitstests hinaus leisten nur wenige andere Verfahren noch eine bedeutsame Verbesserung der Vorhersage des beruflichen Erfolgs. Dies sind:
- Arbeitsproben
- strukturierte Interviews

Nur einen geringen zusätzlichen Beitrag leisten:
- unstrukturierte Interviews
- Assessment-Center
- biografische Fragebogen

Die Ergebnisse der zugrundeliegenden Studie sind in Tabelle 2 zusammengefasst.

Tabelle 2:
Verbesserung der Prognosegüte durch zusätzlichen Einsatz anderer eignungsdiagnostischer Verfahren

Auswahlverfahren	Prognosegüte	Zugewinn an Prognosegüte zusätzlich zu Intelligenztests
Intelligenztest	0.51	
Arbeitsproben	0.54	0.12
Persönlichkeitsfragebogen (zur Erfassung von Gewissenhaftigkeit)	0.31	0.09
Strukturiertes Interview	0.51	0.12
Unstrukturiertes Interview	0.38	0.04
Fachspezifische Leistungstests	0.48	0.07
Biografischer Fragebogen	0.35	0.01
Assessment-Center	0.37	0.02
Grafologisches Gutachten	0.02	0.00

Anmerkungen: nach Schmidt und Hunter (1998); Höhe der Prognosegüte: 0.00 = kein Zusammenhang, 1.00 = perfekter Zusammenhang, 0.30–0.50 = in der Eignungsdiagnostik bereits als gut bis sehr gut zu bewerten

Fazit

Sieht man von begründeten Einzelfällen ab, ist es nicht effizient, Verfahren, die einen geringen oder keinen Zugewinn an Prognosegüte bringen, zusätzlich zu Intelligenztests einzusetzen. Allerdings zeigen umfangreiche Untersuchungen auch, dass vor allem in gehobenen Positionen, die umfangreiche Erfahrung verlangen, Arbeitsproben eine höhere Prognosegüte haben (Schmidt, Ones & Hunter, 1992). Für solche Positionen können Assessment-Center durchaus arbeitsprobenartig gestaltet werden.

1.6.4 Akzeptanz

Akzeptanz im mittleren Bereich

Bei der Entscheidung für oder gegen ein bestimmtes Auswahlverfahren spielt auch die Akzeptanz bei den Bewerbern und Durchführenden eine entscheidende Rolle. Leistungstests schneiden dabei eher mittelmäßig ab. Schuler et al. (2007) fragten die Anwender eignungsdiagnostischer Verfahren auch, wie sie die Akzeptanz der Verfahren bei den Bewerbern einschätzen. Die Beurteilung erfolgte auf einer Skala von 1 (geringste) bis 3 (höchste Akzeptanz). Das strukturierte Interview (durch die Fach- bzw. Personalabteilung durchgeführt) erhielt mit 2.9 bzw. 2.8 die beste Beurteilung. Die vermutete Akzeptanz von Intelligenz- und berufsspezifischen Leistungstests lag mit durchschnittlich 1.9 und 2.0 im mittleren Bereich. Sie wurden damit ähnlich beurteilt wie Referenzen, biografische Fragebogen und Persönlichkeitstests.

Was ist entscheidend für die Akzeptanz eines Verfahrens?

Entscheidend für die Akzeptanz eines Verfahrens sind die Faktoren
- Transparenz (z. B. bezüglich der Bedeutung der Verfahren und bezüglich der Bewertungsregeln),
- Partizipation (meint die wahrgenommene Möglichkeit, die Entscheidung zu beeinflussen),
- Feedback (zu dem Ergebnis und dessen Bedeutung für den Teilnehmer),
- Information (zu Aufgabenbereichen und Anforderungen der Tätigkeit, zur Organisation, zu Entwicklungsmöglichkeiten).

In Bezug auf Leistungstests weiß man, dass zudem eine arbeitsprobenähnliche Gestaltung zur Verbesserung der Akzeptanz führt (Schuler & Höft, 2004).

Hat man sich einmal für den Einsatz eines Leistungstests entschieden, z. B. weil man Anhaltspunkte über die allgemeine kognitive Leistungsfähigkeit der Bewerber erhalten möchte, muss die Entscheidung getroffen werden, ob ein etabliertes Verfahren von einem der Testverlage bezogen werden soll oder ob – mit dem Ziel der Verbesserung der Akzeptanz – ein Test eigens für einen bestimmten Kontext entwickelt werden soll.

Auswahl von Führungskräften

Insbesondere bei Führungskräften wird häufig von einem Einsatz von Leistungstests abgesehen, da man seitens des Personalmanagements hier besonders die niedrige Akzeptanz fürchtet. Dennoch erweisen sich z. B. Intelligenztests auch zur Prognose des Erfolgs bei Führungskräften als nützlich. Als Antwort auf dieses Dilemma befindet sich derzeit ein Intelligenztest in der Entwicklung und Erprobung, der arbeitsprobenartig gestaltet ist, aber dennoch in allen Berufsfeldern einsetzbar ist. Dieser Test (Mertin, Schmidt-Atzert, Krumm, Schiffer & Kordt, 2007) verwendet nicht das übliche Format, in dem eine Aufgabe vorgegeben und eine Antwort verlangt wird. Vielmehr ist es dem Testteilnehmer möglich, aktiv verschiedene Kombinationen auszuprobieren und daraus Schlussfolgerungen abzuleiten (siehe Abbildung 2). Erste Erkenntnisse zu diesem Test sind vielversprechend.

Abbildung 2:
Ein innovativer Intelligenztest

Im obigen Beispiel (Abbildung 2) kann der Testteilnehmer fiktive Früchte auf unterschiedliche Art und Weise zubereiten (roh oder gegart) und in verschiedenen Kombinationen mit anderen Früchten verzehren. Je nach Kombination und Zubereitungsart hat dies Auswirkungen auf den Gesundheitszustand. Die jeweiligen Auswirkungen bekommt der Testteilnehmer nach jedem Schritt mitgeteilt (im Beispiel links oben). Aufgabe ist es, das zugrunde liegende Prinzip zu erkennen und „Ernährungsregeln“ abzuleiten.

Fazit

Die beurteilte Akzeptanz von Intelligenz und berufsspezifischen Leistungstests liegt im Vergleich zu anderen Verfahren im mittleren Bereich. Eine Erhöhung der Akzeptanz ist durch die arbeitsprobenartige Gestaltung der Aufgaben möglich.

1.6.5 Kosten

Leistungstests vergleichsweise günstig

Die Kosten für einen Testeinsatz sind, nicht nur durch die Möglichkeit der Testung in Gruppen, gering. Zur Durchführung eines Leistungstests als Papier-und-Bleistift-Version braucht man in der Regel nur ein Manual, Aufgabenhefte (die zum Teil mehrfach verwendet werden können) und Testbogen, in die die Teilnehmer ihre Antworten notieren.

Kosten von Intelligenztests

Geht man von einer Testung von insgesamt **150 Bewerbern** aus, die in **Gruppen á 15 Personen** getestet werden, so muss man zur Zeit für die in diesem Buch beschriebenen Intelligenztests in der Regel zwischen **1,60 € und 4,50 € Materialkosten pro Bewerber** kalkulieren – nur einer der in diesem Buch beschriebenen Intelligenztests liegt mit 8,30 € pro Bewerber außerhalb dieses Preisrahmens.

Für die hier berechneten Kosten wurde angenommen, dass für die Testung von 150 Bewerbern **1 Testhandbuch, 15 Aufgabenhefte und 150 Antwortbogen** angeschafft werden müssen. Entscheidet man sich für eine Testdurchführung am Computer, so liegen die Kosten für das von den Testverlagen angebotene „Testing-on-demand" zwischen ca. **6 und 12 € pro Bewerber** (alle Angaben: Stand Mai 2008).

Zu den genannten Kosten kommen Personalkosten für die Planung der Testdurchführung, die Anleitung und Beaufsichtigung der Testpersonen und die Auswertung. Bei Computertests fallen gegebenenfalls Anschaffungskosten für Computer und Zubehör (Monitor etc.) an. Die Personalkosten lassen sich durch Gruppenuntersuchungen niedrig halten. Wenn ein Mitarbeiter eine zweistündige Testuntersuchung mit 15 Testpersonen durchführt, errechnet sich eine Arbeitszeit von 8 Minuten pro Testperson.

Papier-und Bleistift-Tests werden meist manuell mit Hilfe von Schablonen ausgewertet, wofür erfahrungsgemäß bei sorgfältigem Arbeiten etwa 10 bis 15 Minuten für einen umfangreichen Intelligenztests zu veranschlagen sind (wenn ein FAX-Service des Verlags genutzt werden kann, ist dieser natürlich auch kostenpflichtig). Bei einer Testdurchführung am Computer erhält man die Auswertung sofort per Tastendruck. Im Vergleich dazu kostet die Konzeption und Durchführung von strukturierten Interviews oder Assessment-Center weitaus mehr. Diese Mehrkosten gehen allerdings – wie bereits erwähnt – nicht automatisch mit einer höheren Prognosegüte einher.

Fazit

Leistungstests sind sowohl in der Anschaffung, als auch in der Durchführung und Auswertung vergleichsweise kostengünstig.

1.6.6 Bedeutung für die Personalentwicklung

Auch innerhalb der Personalentwicklung kommen Leistungstests zum Einsatz. Nach Angaben der American Society for Training and Development hat der Einsatz von Messinstrumenten innerhalb der Personalentwicklung in den letzten Jahren stark zugenommen (Rivera & Paradise, 2006). Dies mag auch ein Verdienst der mittlerweile vorliegenden Untersuchungen sein, die zeigen, dass mit gezielt ausgewählten Tests berufliche Kriterien über einen langen Zeitraum vorhergesagt werden können (Hossiep, 1996). Zu den über einen längeren Zeitraum vorhergesagten beruflichen Kriterien gehören auch Karriereindikatoren wie z. B. hierarchischer Aufstieg. Das heißt, das Entwicklungspotenzial eines Mitarbeiters kann mit den richtigen Tests schon früh festgestellt werden.

Einsatz in der Personalentwicklung

Leistungstests bieten sich in der Personalentwicklung u. a. an bei
- der Evaluation von Trainings- und Entwicklungsmaßnahmen,
- der Ermittlung des Entwicklungspotenzials und -bedarfs einzelner Mitarbeiter oder übergeordneter Einheiten wie Teams,
- der Prüfung bezüglich der Eignung für eine bestimmte Trainingsmaßnahme.

Besonders Intelligenztests sind dazu in der Lage, den Erfolg eines Teilnehmers bei Personalentwicklungsmaßnahmen vorherzusagen (Hunter & Hunter, 1984).

Leistungstests zur Prozessdiagnostik

Bei einer Prozessdiagnostik wird ein Merkmal nicht nur einmal erfasst, sondern mehrmals in variablen zeitlichen Abständen. So kann eine Fertigkeit bei der Einstellung und beim Übergang von verschiedenen Karrierestufen immer wieder erfasst und die Entwicklung eines Mitarbeiters verfolgt werden. Auch hierzu eignen sich verschiedene Leistungstests, z. B. um den Zuwachs an berufsrelevantem Wissen über die Zeit darzustellen. In diesem Zusammenhang ist es ebenfalls wichtig, etablierte und gut evaluierte psychologische Tests einzusetzen, um auszuschließen, dass eine Veränderung von einem Testzeitpunkt zum nächsten auf eine mangelnde Messgenauigkeit des Testverfahrens oder einen reinen Übungsgewinn im Umgang mit dem Testmaterial zurückzuführen ist.

1.7 Betrieblicher Nutzen

Randbedingungen für hohe Trefferquoten

Ein Auswahlverfahren hat dann einen hohen betrieblichen Nutzen, wenn mit den eingesetzten Verfahren möglichst viele Bewerber „entdeckt“ werden, die sich als erfolgreiche Mitarbeiter herausstellen. Gleichzeitig sollten möglichst viele Bewerber abgelehnt werden, die auch tatsächlich nicht den Anforderungen des Berufs gewachsen sind. Man spricht dann von einer hohen Trefferquote. Ob man mit einem Auswahlverfahren eine hohe Trefferquote erzielen kann, hängt im Wesentlichen von drei Randbedingungen ab, die nachfolgend näher erläutert werden: der Grundquote, der Selektionsquote und der Prognosegüte der eignungsdiagnostischen Verfahren.

Grundquote

Zunächst einmal ist es wünschenswert, wenn sich unter allen Personen, die sich für eine Position bewerben, bereits viele befinden, die tatsächlich erfolgreich diese Position ausfüllen könnten. Man spricht in diesem Fall von einer hohen Grundquote. Ist die Grundquote hingegen niedrig, sucht man die berühmte Stecknadel im Heuhaufen. Dann wird es selbst mit einem Auswahlverfahren, das eine sehr hohe Prognosegüte aufweist, schwierig sein, viele geeignete Bewerber auszuwählen.

Selektionsquote

Der Anteil der ausgewählten Bewerber in Relation zu allen Bewerbern bezeichnet man als Selektionsquote. Günstig ist es, aus vielen Bewerbern nur einige wenige, nämlich die Besten, auszuwählen (= niedrige Selektionsquote). Man stelle sich vor, es müssten 30 neue Trainees eingestellt werden und es gäbe 40 Bewerber. Logischerweise könnte man nun nicht mehr ausschließlich die Top-Bewerber aussuchen, sondern müsste aufgrund des zu deckenden Bedarfs auch einige der weniger oder nicht Geeigneten einstellen (oder alternativ die Stellen neu ausschreiben).

Prognosegüte

Schließlich sollte die Auswahl anhand von Verfahren erfolgen, die so gut wie möglich den späteren beruflichen Erfolg prognostizieren können (= hohe Prognosegüte). Selbst in der glücklichen Lage, aus 200 Bewerbern – unter denen zudem sehr viele prinzipiell Geeignete sind – nur zwei auswählen zu müssen, wäre einem Unternehmen nicht gedient, wenn es zwei Bewerber nach dem Zufallsprinzip auswählt, also entweder gar kein Auswahlverfahren einsetzt oder einen Test ohne Prognosekraft für beruflichen Erfolg verwendet.

Fazit

Am ehesten gelingt es, möglichst viele Bewerber zu „entdecken“, die sich als erfolgreiche Mitarbeiter herausstellen, wenn

- die Grundquote hoch ist (unter den Bewerbern befinden sich bereits viele Geeignete),
- die Selektionsquote niedrig ist (aus vielen Bewerbern werden nur wenige ausgewählt),
- die Auswahlverfahren eine hohe Prognosegüte haben.

In den Abbildungen 3 bis 6 wird der Zusammenhang zwischen Grundquote, Selektionsquote und Prognosegüte des Auswahlverfahrens grafisch veranschaulicht. Jede Grafik ist in vier Quadranten unterteilt: Quadrant 1 beinhaltet Personen, die aufgrund des Auswahlverfahrens abgelehnt wurden, eigentlich aber geeignet wären. In Quadrant 2 befinden sich die Personen, die aufgrund des Testergebnisses ausgewählt wurden und später im Beruf auch tatsächlich geeignet sind. Quadrant 3 umfasst all die Personen, die abgelehnt wurden und auch tatsächlich nicht geeignet sind. Quadrant 4 beinhaltet die Personen, die aufgrund des Testergebnisses ausgewählt wurden, aber tatsächlich nicht geeignet sind. Einfach gesagt sind in den Quadranten 2 und 3 die Personen, bei denen man in der Auswahl richtig lag; Personen in den Quandranten 1 und 4 hat man falsch beurteilt.

Eine gute Auswahl kennzeichnet sich dadurch, dass viele Personen in den Quadranten 2 und 3 sind, in den anderen beiden hingegen nur wenige. Dies gelingt jedoch nur unter bestimmten Randbedingungen.

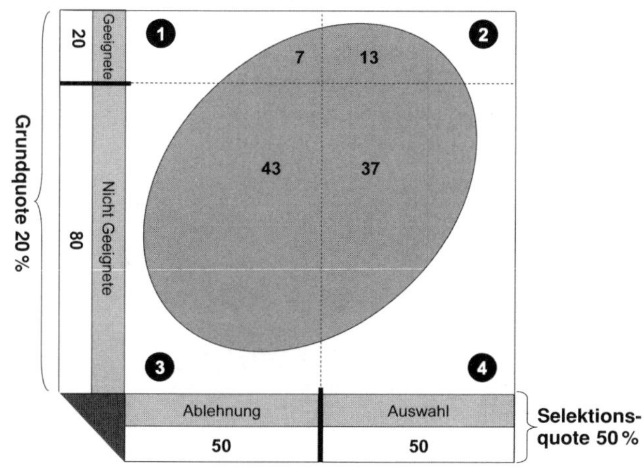

Abbildung 3:
Veranschaulichung einer mittleren Prognosegüte bei einer Selektionsquote von 50 % und einer Grundquote von 20 %

Abbildung 3 zeigt das Resultat einer Auswahl mit einem Testverfahren, das eine mittlere Prognosegüte (0,25) aufweist. Als weitere Randbedingungen werden eine geringe Selektions- und eine geringe Grundquote angenommen. Das Ergebnis zeigt, dass bei einer solchen Auswahlsituation von 100 Bewerbern 43 zu Recht abgelehnt werden und 13 richtigerweise eingestellt werden. Es werden allerdings auch 37 Bewerber fälschlicherweise eingestellt und 7 Bewerber zu Unrecht abgelehnt.

In Abbildung 4 wurde zunächst ein Verfahren mit einer höheren Prognosegüte (0,50) eingesetzt. Die weiteren Randbedingungen sind unverändert. Die Grafik zeigt, dass *unter diesen Randbedingungen* eine höhere Progno-

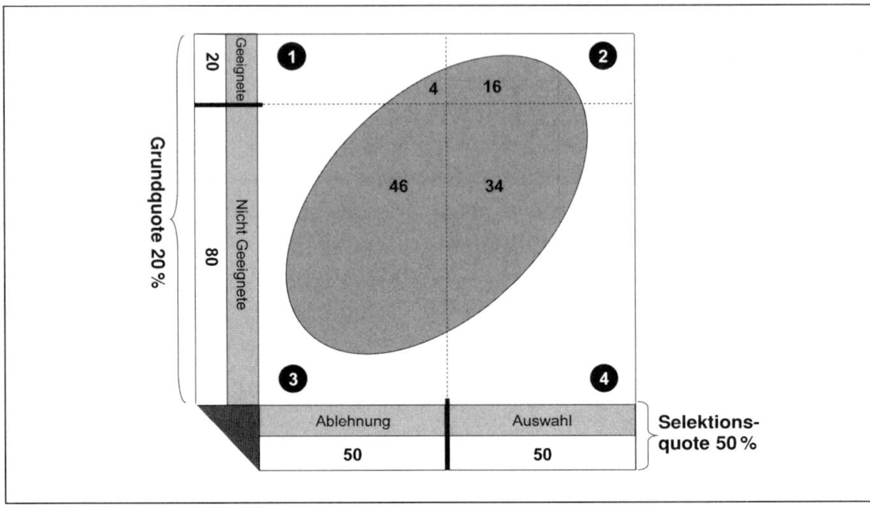

Abbildung 4:
Veranschaulichung einer hohen Prognosegüte bei einer Selektionsquote von 50 % und einer Grundquote von 20 %

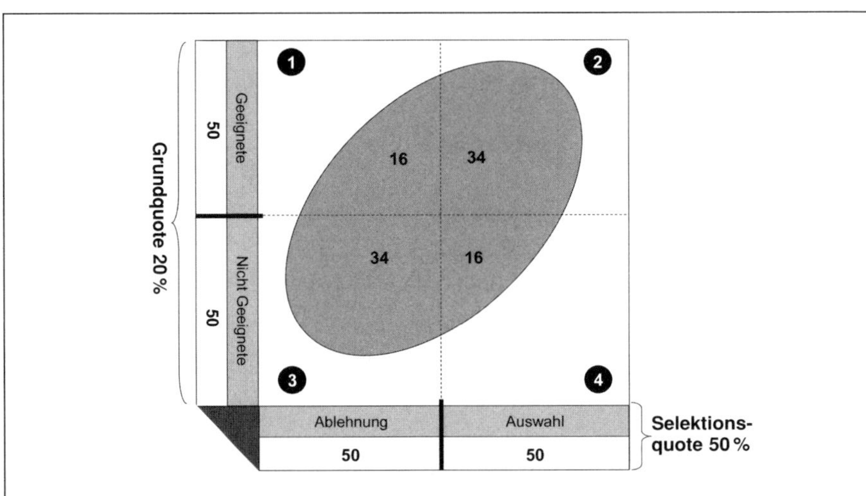

Abbildung 5:
Veranschaulichung einer hohen Prognosegüte bei einer Selektionsquote von 50 % und einer Grundquote von 50 %

següte des Auswahlverfahrens (visualisiert durch die schmalere Elipse) nur in gerigem Umfang eine Verbesserung darstellt. Von den 50 ausgewählten Personen würden sich nun 16 als geeignet und 34 als ungeeignet herausstellen. Es sei allerdings auch erwähnt, dass unter anderen Rand-

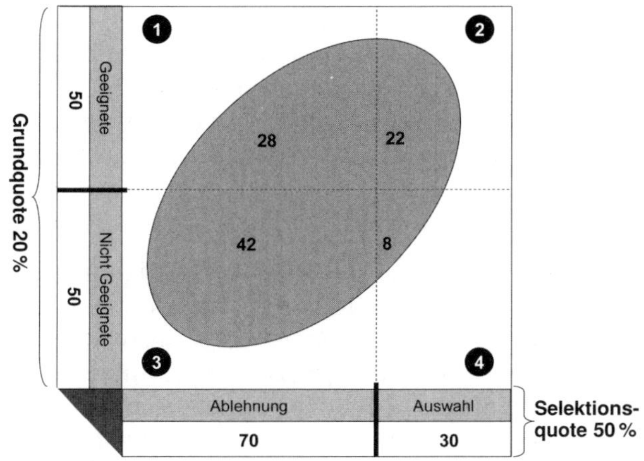

Abbildung 6:
Veranschaulichung einer hohen Prognosegüte bei einer Selektionsquote von 30 % und einer Grundquote von 50 %

bedingungen – insbesondere bei einer niedrigen Selektionsquote – die Prognosegüte des Testverfahrens sehr viel relevanter ist.

Wesentlich für die unbefriedigende Situation in den bisherigen Beispielen war die geringe Grundquote. Schafft man es aber, z. B. durch ein gutes Personalmarketing und Selbstselektion, dass sich von vorneherein mehr Geeignete bewerben (höhere Grundquote), so werden weitaus weniger Ungeeignete fälschlicherweise eingestellt (Abbildung 5). Von den 50 eingestellten Bewerbern sind nun 34 tatsächlich geeignet (im Vergleich zu 16 in Abbildung 4!).

Verschärft man das Einstellungskriterium und wählt nur 30 der 100 Bewerber aus (Selektionsquote von 30 %), lässt sich die Auswahl nochmals verbessern. Dann sind fast 75 % der eingestellten Bewerber auch tatsächlich geeignet.

1.7.1 Schätzung des finanziellen Nutzens

Beitrag zum Unternehmenserfolg

Eine verbesserte Auswahlprozedur bringt für ein Unternehmen einen erheblichen finanziellen Nutzen mit sich. Dies liegt schlicht und einfach an der Tatsache, dass Stelleninhaber, die in hohem Maße geeignet sind, in höherem Maße zum Unternehmenserfolg beitragen als weniger geeignete Stelleninhaber.

Im Rahmen einer umfangreichen Analyse aller bis 1989 verfügbaren Studien ermittelten Hunter, Schmidt und Judiesch (1990), dass die berufliche Leistung der „Top-Bewerber" (die Besten 1 %) die der „schlechtesten" Bewerber (die Schlechtesten 1 %) um mehr als das 12-fache überstieg. Als Maß für die berufliche Leistung wurden Umsatz, produzierte Teile, usw. herangezogen. Schon aus dieser Analyse lässt sich leicht erkennen, dass es für ein Unternehmen sehr erstrebenswert ist, ein Auswahlverfahren zu verwenden, mit dem die „Top-Bewerber" identifiziert werden können.

Erheblicher finanzieller Nutzen

Um den finanziellen Nutzen des Einsatzes eines Eignungstests abzuschätzen, stehen Formeln zur Verfügung (z. B. Cronbach & Gleser, 1965). Ein wesentliches Element dieser Formeln ist der Zugewinn an Prognosekraft durch ein bestimmtes eignungsdiagnostisches Verfahren. Dabei ist es zunächst unwesentlich, ob der Zugewinn durch einen Leistungstests oder z. B. ein Interview erzielt wurde. Eine Verbesserung kann im Vergleich zu einer Zufallsauswahl (also einer Prognosegüte von 0.00) oder auch im Vergleich zu bislang eingesetzten Verfahren betrachtet werden (z. B. einem unstrukturierten Interview, das laut wissenschaftlicher Studien meist nur eine geringe Prognosegüte hat). Im Folgenden soll der Nutzen einer verbesserten Personalauswahl anhand eines Beispiels dargestellt werden, das weitgehend auf realistischen Werten basiert, die von den Autoren selbst in verschiedenen Unternehmen ermittelt wurden.

1. Verbesserung der Prognosegüte

In einem Auswahlverfahren für einen technischen Ausbildungsberuf setzte ein großes Industrieunternehmen bisher einen selbst konstruierten Mathematik-Test ein. Durch den Vergleich des Mathematik-Test-Ergebnisses mit den späteren Noten der theoretischen Abschlussprüfung konnte eine Prognosegüte des Mathematik-Tests von 0.22 ermittelt werden. In einem anderen Großunternehmen wies ein allgemeiner Intelligenztest für eine vergleichbare Bewerbergruppe eine Prognosegüte von 0.38 auf. Man kann daher als groben Richtwert annehmen, dass das erstgenannte Industrieunternehmen einen Zugewinn an Prognosegüte von 0.16 erwarten kann, wenn es den Mathematik-Test durch einen Intelligenztest ersetzt.

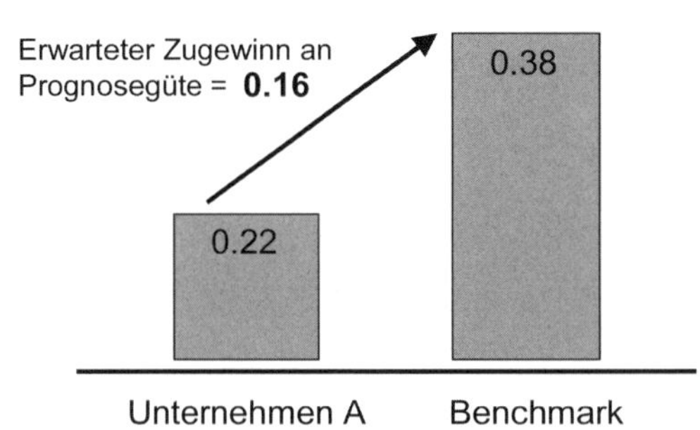

2. Fianzieller Nutzen von erfolgreichen Mitarbeitern

Als Nächstes muss geschätzt werden, wie groß der Unterschied im Gewinn ist, den durchschnittliche Mitarbeiter im Vergleich zu unterdurchschnittlichen Mitarbeitern pro Jahr erwirtschaften. Zur Orientierung soll hier eine Zahl dienen, die Schuler und Höft (2004) aus der Versicherungsbranche berichten (2.454 €). Diese Zahl liegt deutlich unter der Daumenregel von 40 % des mittleren Jahres-Bruttoeinkommens der Stelleninhaber (z. B. Campbell, Gasser & Oswald, 1996). In den meisten Fällen (z. B. bei der Auswahl von Führungskräften) wird daher der Nutzen einer Auswahlprozedur deutlich höher ausfallen als in dieser Beispielrechnung für Auszubildende.

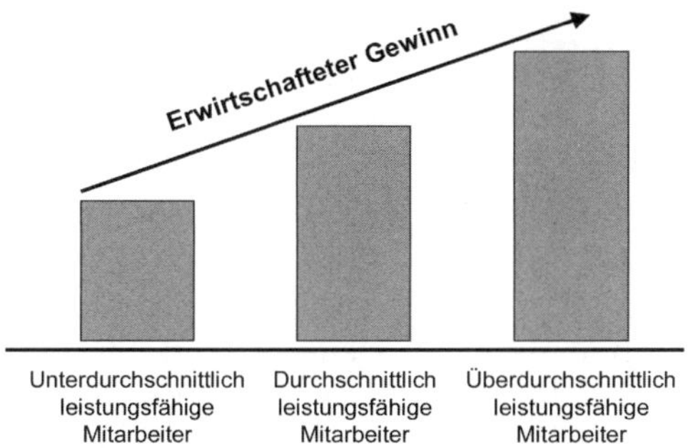

3. Vergleich der ausgewählten mit allen anderen Berwerbern

Schließlich benötigt man einen Faktor, der angibt, wie viel besser die ausgewählten Bewerber im Vergleich zu allen Bewerbern in dem Auswahlverfahren abgeschnitten haben. Für die unten angeführten Beispielrechnungen wurden tatsächliche Intelligenztestergebnisse verwendet. Der Nutzen wurde berechnet für drei verschiedene Beispiele: Auswahl der jeweils 38 Besten aus 190 (Beispiel 1) bzw. aus 114 (Beispiel 2) bzw. aus 76 Bewerbern (Beispiel 3).

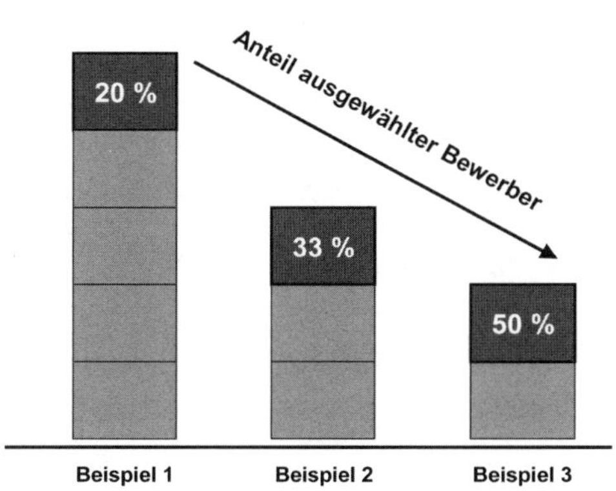

Es wird angenommen, dass eine lineare Abhängigkeit zwischen der Testleistung und dem erwirtschafteten Gewinn besteht. Je besser die Ausgewählten im Vergleich zu allen Bewerbern sind, desto höher sollte der von diesen Personen erwirtschaftete Gewinn ausfallen.

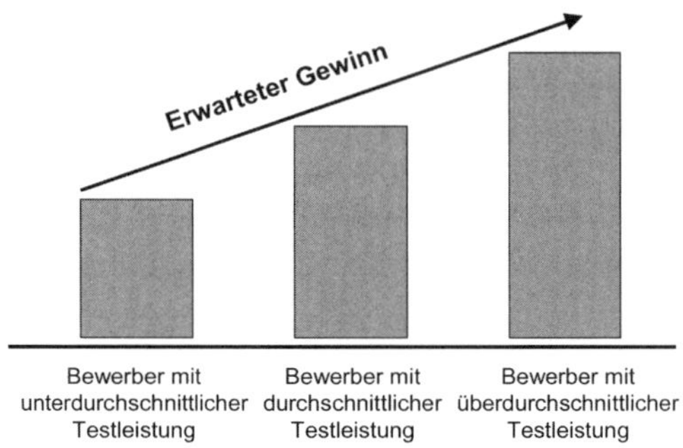

Hier wird noch einmal deutlich, warum eine niedrige Selektionsquote wünschenswert ist. Stellt man von 100 Bewerbern nur die 10 Besten ein, so werden letztere sich im Mittel ihrer Testleistung stark vom Mittel der Testleistung aller 100 Bewerber unterscheiden. Umgekehrt werden sich bei einer hohen Selektionsquote (z. B. 90 von 100) nur geringe Mittelwertsunterschiede ergeben, da diese Bewerbergruppe doch ohnehin einen Großteil der 100 darstellen.

Nachfolgend sind eine Formel zur Schätzung des Nutzens einer verbesserten Personalauswahl sowie konkrete Zahlenbeispiele angegeben.

$$\Delta U = F \times N_E \times T_E \times \frac{\overline{X}_+ - \overline{X}_{Ges}}{SD_{x,Ges}} \times SD_y \times r_{xy} - F \times C \times N_B$$

ΔU	= finanzieller Nutzenzuwachs für den Zeitraum, in dem die eingestellten Bewerber jeweils im Unternehmen verweilen
F	= Dauer des Verfahrenseinsatzes (in Jahren)
N_E	= Anzahl der auf Basis dieses Verfahrens eingestellten Bewerber (pro Jahr)
T_E	= Durchschnittliche Verweildauer der eingestellten Bewerber (in Jahren)
$\overline{X}_+$	= Mittelwert der eingestellten Bewerber in dem Auswahlverfahren
$\overline{X}_{Ges}$	= Mittelwert aller Bewerber in dem Auswahlverfahren
$SD_{x,Ges}$	= Standardabweichung aller Bewerber in dem Auswahlverfahren
SD_y	= Standardabweichung des Kriteriums (z. B. Umsatz pro Mitarbeiter)
r_{xy}	= Zugewinn an Prognosegüte durch das Verfahren
C	= Kosten der Auswahl pro Bewerber
N_B	= Anzahl der Bewerber pro Jahr

Abbildung 7:
Schätzung des Nutzens (angelehnt an Schuler & Höft, 2004)

Beispielrechnungen
Verfahrenseinsatz über 5 Jahre; bei 5 Jahren Verweildauer von 38 eingestellten Bewerber pro Jahr (weitere Randbedingungen: siehe Text). Für die Kosten der Auswahl wurden die tatsächlichen Kosten für Anschaffung und geschätzte Kosten für die Durchführung eines Intelligenztests eingesetzt. Beispiel 1: 5-mal mehr Bewerber als freie Stellen $\Delta U \approx$ **492.000 Euro** Beispiel 2: 3-mal mehr Bewerber als freie Stellen $\Delta U \approx$ **427.000 Euro** Beispiel 3: 2-mal mehr Bewerber als freie Stellen $\Delta U \approx$ **290.000 Euro** Für den Fall, dass obiges Beispiel noch nicht überzeugt, sei auf eine Schätzung von Görlich und Schuler (2007, S. 90 ff.) verwiesen. Die Autoren haben für ein großes Unternehmen, das mit Hilfe eines Intelligenztests jährlich 115 Auszubildende auswählt, pro Jahr einen zusätzlichen monetären Nutzen von fast 33 Millionen Euro berechnet. Dass der „Gewinn" so hoch ausfällt, ist gleich mehreren günstigen Randbedingen zu verdanken. Erstens ist die Selektionsquote klein (115 von durchschnittlich 702 Bewerbern), zweitens hat das alte Auswahlverfahren eine niedrige, das neue dagegen eine sehr hohe Prognosegüte und drittens wurde von einer durchschnittlichen Betriebszugehörigkeit von 30 Jahren ausgegangen. Ein weiteres, anschauliches Berechungsbeispiel findet man bei Stephan und Westhoff (2002).

Eine etwas vereinfachte Berechnung ermöglicht die in Abbildung 8 dargestellte Schablone, die auch als unausgefüllte Kopiervorlage im Umschlag dieses Bandes zu finden ist.

Von dem mithilfe der Schablone geschätzten Nutzen müssen dann noch die tatsächlichen Kosten für die Durchführung abgezogen werden. Der Unterschied im Nutzen zwischen der vereinfachten Berechnung in der Schablone und den obigen Beispielrechnungen resultiert vor allem daraus, dass in der Schablone die 40 %-Daumenregel angewandt wurde. Diese stellt für andere Kontexte als die Auswahl von Auszubildenden eine immer noch eher konservative Schätzung dar.

Fazit
Es wird deutlich, dass es sich lohnt, möglichst viele (geeignete) Bewerber einem Auswahlprozess zu unterziehen und dabei ein Verfahren einzusetzen, das eine hohe Prognosegüte aufweist. Unter den in den Beispielen genannten realistischen Randbedingungen kann ein Unternehmen durch den Einsatz eines Intelligenztests (an Stelle des bisher verwendeten Verfahrens) im Laufe von fünf Jahren eine zusätzliche Arbeitsleistung im Wert von bis zu einer halben Million Euro „gewinnen".

Gute Auswahl zahlt sich aus

Dabei ist es wichtig, unter vielen (geeigneten) Bewerbern auswählen zu können. Will man 38 Personen einstellen und hat dazu bereits 76 Bewerber eignungsdiagnostisch untersucht, so lohnt es sich durchaus, noch weitere 38 oder auch mehr Bewerber zu testen. Natürlich gehen diese Berechnungen davon aus, dass stets der Anteil Geeigneter gleich bleibt. Dies wäre nicht der Fall, wenn z. B. die meisten „geeigneten" Auszubildenden zu diesem Zeitpunkt schon einen anderen Ausbildungsbetrieb gefunden hätten. Auch solche Selektionseffekte gilt es bei der Planung der Auswahlverfahren zu berücksichtigen.

Dauer des Verfahrenseinsatzes (in Jahren)			*5*
			×
Anzahl der auf Basis dieses Verfahrens eingestellten Bewerber (pro Jahr)			*30*
			×
Durchschnittliche Verweildauer der eingestellten Bewerber (in Jahren)			*8*
Mittelwert aus den (Test-)Ergebnissen der eingestellten Bewerber (in dem relevanten Auswahlverfahren)	*110*		
	–		
Mittelwert aus den (Test-)Ergebnissen aller Bewerber (in dem relevanten Auswahlverfahren)	*100*		
	=		×
	10	→	*10*
			÷
Standardabweichung der (Test-)Ergebnisse aller Bewerber → erhält man z. B. in Excel durch die Formel =STDEV( )			*15*
			×
Mittleres Brutto-Jahreseinkommen der Inhaber äquivalenter Stellen	25.000	× 0,4 =	*10.000*
Prognosegüte des relevanten Auswahlverfahrens (anhand eigener Daten berechnet oder anhand der Ergebnisse vergleichbarer Studien geschätzt)	*0.30*		
	–		
Prognosegüte des vorherigen Auswahlverfahrens (anhand eigener Daten berechnet oder anhand der Ergebnisse vergleichbarer Studien geschätzt)	*0.15*		
	=		×
	0.15	→	*0.15*
			=
			1.200.000,– €

Abbildung 8:
Vereinfachte Berechnung des Nutzens

1.8 Weitere Ziele

Wenn bestimmte Kriterien für das erfolgreiche Abschneiden im Beruf oder in einem Ausbildungsgang identifiziert wurden, sollte es das Bestreben des Personalmanagements sein, so zuverlässig und genau wie möglich zu „messen", inwiefern bestimmte Personen diese Kriterien erfüllen. Dies legen nicht nur die aufgeführten ökonomischen Überlegungen nahe, auch Gründe der Fairness sprechen für den Einsatz des jeweils „besten" Verfahrens. Wenn unzuverlässige, ad-hoc selbst konstruierte oder nicht evaluierte Verfahren zum Einsatz kommen, ist die Wahrscheinlichkeit hoch, dass nicht die intendierten Merkmale gemessen werden. Für das einstellende Unternehmen ergibt sich in zweifacher Hinsicht ein Schaden. Erstens wird es fortan überwiegend ungeeignete Mitarbeiter einstellen, deren Arbeitsleistung niedrig ist. Zweitens sind (geeignete) Bewerber, die aufgrund solcher „Messungen" abgelehnt werden, zu Recht unzufrieden mit dem Auswahlverfahren – ein Umstand, der sich negativ auf die Wahrnehmung des Unternehmens und seiner Produkte auswirken kann.

Auswirkung auf die Wahrnehmung des Unternehmens

Fazit

Eine zuverlässige Personalauswahl – idealerweise entsprechend der Richtlinien der DIN 33430 (vgl. Kapitel 2.1) – bietet neben zufriedenen Bewerbern und einem hohen finanziellen Nutzen für das auswählende Unternehmen auch eine hohe Rechtssicherheit. Die Verwendung von etablierten und evaluierten Leistungstests zur Feststellung berufsrelevanter Kriterien ist ein wesentlicher Bestandteil einer zuverlässigen Personalauswahl.

Hohe Rechtssicherheit

2 Modelle

Im folgenden Abschnitt werden verschiedene Modelle und eine Norm vorgestellt, die im Zusammenhang mit Leistungstests im Personalmanagement relevant sind. An dieser Stelle kann jedoch nur eine kleine Auswahl skizziert werden. Die Reihenfolge der Modelle richtet sich nach ihrer Globalität: Von eignungsdiagnostischen Beurteilungen und dem Prozess der Personalauswahl generell bis zu inhaltlichen und testtheoretischen Modellen für Testverfahren. Zunächst wird eine Norm vorgestellt (DIN 33430), die das Ziel hat, wissenschaftliche Standards und Erkenntnisse in der Praxis der Eignungsdiagnostik zu etablieren und die damit zur Qualitätssicherung und -optimierung beiträgt. Anschließend wird ein Modell erläutert, das den Prozess der Personalauswahl abbildet. Dieses Modell kann unabhängig von den tatsächlichen Inhalten der Eignungsdiagnostik (z. B. Fachwissen) angewandt werden. Im Anschluss wird für ein eignungsdiagnostisch sehr relevantes Merkmal, die Intelligenz, ein Modell illustriert, das Annahmen über den Zusammenhang dieses Merkmals mit beruflichem Erfolg macht. Darüber hinaus existieren verschiedene Intelligenz-Modelle, auf deren Relevanz für die Eignungsdiagnostik kurz eingegangen werden soll. Schließlich liegt guten psychologischen Tests neben einem Modell zum Messinhalt, also z. B. einem Intelligenz-Modell, auch ein testtheoretisches Modell zugrunde. Testtheoretische Modelle spezifizieren, wie von einem Testwert auf ein psychologisches Merkmal geschlossen werden kann.

2.1 Die DIN 33430

Qualitätsanforderungen

Die DIN 33430 (DIN, 2002) bezieht sich auf jede Art von berufsbezogener Eignungsbeurteilung. In ihr werden Qualitätsanforderungen sowohl an die Personen, welche die Eignungsbeurteilung vornehmen (z. B. Kenntnisse zu verschiedenen Auswahlverfahren, Beherrschen von Interviewtechniken), als auch an die dabei verwendeten Verfahren (z. B. aktuelle Normen, Anforderungsbezug), sowie an die einzuhaltenden Abläufe (z. B. Auswahl der Verfahren, Dokumentation der Ergebnisse) spezifiziert.

Funktionen der DIN 33430

Die DIN 33430 dient
- der Sicherung einer seriösen Eignungsbeurteilung
- als Qualitätsgarantie für Bewerber
- generell einer besseren Personalauswahl und damit einer besseren Passung zwischen Person und Beruf (person-job-fit).
- als Beleg für die Qualität der Personalauswahl der nach DIN 33430 vorgehenden Unternehmen und somit als Marketing-Argument

Notwendige Kenntnisse

Im Rahmen der *Personenlizenz* nach DIN 33430 können sich Durchführende (Auftragnehmer) und Mitwirkende (z. B. Beobachter in Assessment-Center) bescheinigen lassen, dass sie über die notwendigen Kenntnisse verfügen, um Personalauswahlverfahren nach etablierten und wissenschaftlichen Standards durchzuführen bzw. daran mitzuwirken (für eine ausführlichere Darstellung siehe Westhoff et al., 2005).

Auswahlprozess nach DIN 33430

Unternehmen können sich aber auch einen bestimmten Auswahlprozess zertifizieren lassen: Mit dem Erwerb einer *Prozesszertifizierung* nach DIN 33430 wird einem Unternehmen von unabhängiger Stelle attestiert, dass der gesamte Auswahlprozess (z. B. die interne Auswahl von Führungskräften) den strengen Qualitätsanforderungen der DIN 33430 entspricht.

Dabei wird berufsbezogene Eignungsbeurteilung als Gesamtdienstleistung verstanden, die bestimmte Qualitätsmerkmale umfassen soll.

Anforderung im Rahmen der Prozesszertifizierung

Die Prozesszertifizierung nach DIN 33430 stellt
- Anforderungen an Verfahren
- Anforderungen an Prozesse
- Anforderungen an Qualifikationen
- Anforderungen an Verfahrenshinweise

Die Zertifizierungsinstitute achten darüber hinaus auch darauf, dass Maßnahmen eingeleitet wurden bzw. geplant sind, die die Umsetzung der DIN 33430 über den gesamten Zertifizierungszeitraum gewährleisten (z. B. Fortbildungen).

Die DIN 33430 wurde bereits in zahlreichen Unternehmen des öffentlichen und privaten Sektors zur Qualitätssicherung und -optimierung herangezogen und ihr Nutzen wurde in vielfacher Hinsicht bestätigt (z. B. Dries, Krumm & Lux, 2006).

Checkliste zur Beurteilung von Testverfahren

Die DIN 33430 stellt darüber hinaus Anforderungen an den Einsatz von Tests im Rahmen einer bestimmten Auswahlprozedur. So muss laut DIN 33430 geprüft werden, ob die im Manual anhand einer bestimmten Stichprobe überprüfte Validität eines Testverfahrens auch auf den aktuellen Auswahlkontext übertragbar ist. Weiterhin muss das Verfahren im Zusammenhang mit den Anforderungen des Berufs stehen. Diese Aspekte können nur von Fall zu Fall geprüft und zertifiziert werden, ein generelles DIN 33430-Zertifikat für einen Test kann es daher nicht geben. Es steht jedoch eine auf den Kriterien der DIN 33430 basierende Checkliste zur Verfügung, die eine erste Beurteilung von Testverfahren ermöglicht (DIN Screen, siehe Kersting, 2007). Anhand von konkreten Fragen kann damit geprüft werden, ob ein Testmanual bestimmte, nach DIN 33430 notwendige Angaben enthält. Nur wenn die geforderten Angaben vorliegen, kann ein Diagnostik-Experte im nächsten Schritt den Test (z. B. anhand des TBS-TK, vgl. Kapitel 3.3 und 3.4) danach bewerten, wie gut er für die vorgesehene Fragestellung geeignet ist.

Fazit

Die DIN 33430 formuliert auch Anforderungen an Tests. Mit Hilfe von Checklisten kann geprüft werden, inwieweit ein Test diesen Anforderungen genügt.

2.2 Ein formales Modell des Zusammenhangs zwischen Arbeits- und Anforderungsanalyse, eignungsdiagnostischen Verfahren und Berufserfolgskriterien

Ausgangspunkt jeder psychologischen Testung ist eine konkrete Fragestellung. Im Personalmanagement lauten solche Fragen: Ist Person A geeignet, eine bestimmte Position U in Unternehmen Y erfolgreich auszufüllen? Besitzt Person B bereits die erforderlichen Kompetenzen, um eine Führungsposition V in Unternehmen Z zu übernehmen? Um solche Fragen beantworten zu können und auch später überprüfen zu können, ob die Antwort auf eine solche Frage richtig war, sind im Vorfeld drei wesentliche Fragen zu beantworten.

Wesentliche Fragen in der Eignungsdiagnostik

1. Was sind die erfolgskritischen Anforderungen einer Tätigkeit, einer Führungsposition etc.?
2. Wie kann man prognostizieren, in welchem Maß eine Person diesen Anforderungen entspricht?
3. Wie kann man feststellen, ob eine Person tatsächlich erfolgreich ist?

Zusammenwirken von Auswahlschritten

Diese Hauptaspekte des eignungsdiagnostischen Prozesses integrierten Schuler und Kollegen im trimodalen Ansatz der beruflichen Eignungsdiagnostik (siehe z. B. Schuler & Höft, 2004); darin werden Annahmen über das Zusammenwirken von Arbeits- und Anforderungsanalyse, eignungsdiagnostischen Verfahren und Berufserfolgskriterien gemacht.

Für jeden dieser drei Aspekte werden drei Ebenen angenommen: Ergebnis-, Verhaltens- und Eigenschaftsebene. Die im Rahmen der Arbeits- und Anforderungsanalyse gesammelten Informationen hinsichtlich Ergebnis-, Verhaltens- und Eigenschaftsanforderungen fließen in die Konstruktion oder Auswahl der eignungsdiagnostischen Verfahren (biografieorientierte, simulationsorientierte oder eigenschaftsorientierte Verfahren) auf der entsprechenden Ebene ein (vgl. Kapitel 1.5). In derselben Weise werden die Ergebnisse der Arbeits- und Anforderungsanalyse genutzt, um angemessene Kriterien für den Berufserfolg zu finden. Hier unterscheidet man Ergebnis-, Verhaltens- und Eigenschaftskriterien. Zur Validierung der eignungsdiagnostischen Verfahren bieten sich dann auch die entsprechenden Ebenen der Berufserfolgskriterien an. Abbildung 9 veranschaulicht den trimodalen Ansatz der Eignungsdiagnostik.

So könnte Fachwissen eine Aufgabenanforderung im Rahmen einer Tätigkeit als Finanzberater darstellen. Dementsprechend würde man Fachwissen bei der Auswahl durch einen entsprechenden Test prüfen. Dies wäre

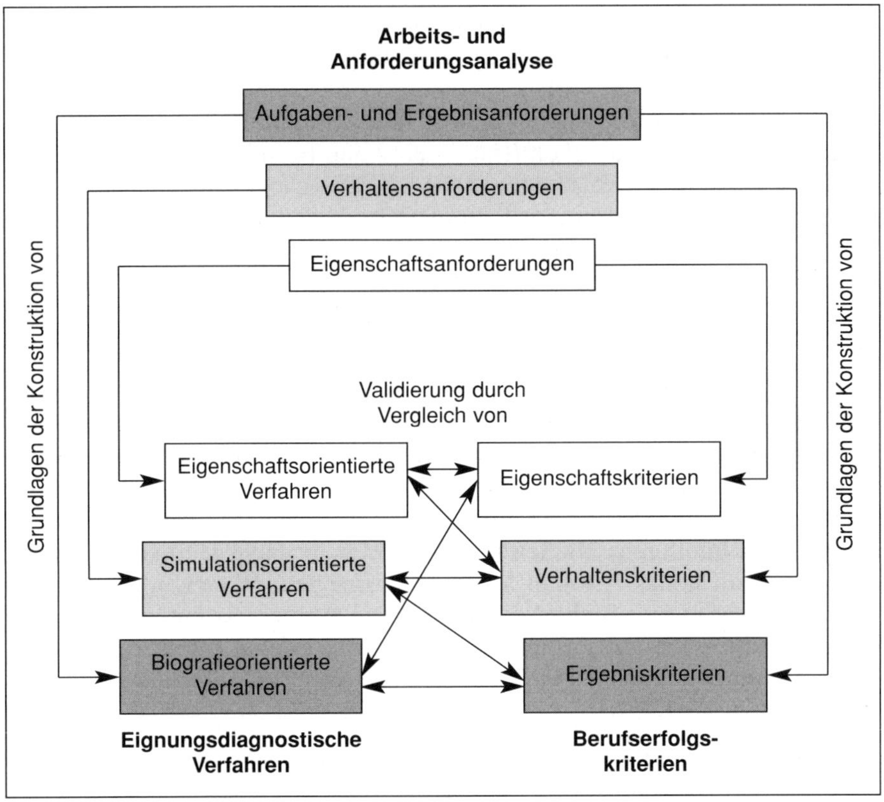

Abbildung 9:
Der trimodale Ansatz in der Eignungsdiagnostik
(Darstellung modifiziert nach Schuler und Höft, 2004, S. 292)

ein biografieorientiertes Verfahren, da der Umfang an Fachwissen maßgeblich auf vorherige Ausbildungen und/oder einschlägige Berufserfahrung zurückgeführt werden kann. Inwiefern der Fachwissenstest eine Prognose des späteren Erfolgs ermöglicht, kann beispielsweise dann anhand eines Ergebniskriteriums, z. B. der Anzahl an abgeschlossenen Verträgen, überprüft werden.

Fazit

Dieses Modell kann bei der Planung von Personalauswahlverfahren wichtige Anhaltspunkte liefern. Sind beispielsweise bei der Beurteilung des beruflichen Erfolgs vor allem Ergebniskriterien (z. B. Umsatzzahlen) von Bedeutung, sollten vornehmlich biografieorientierte und simulationsorientierte Auswahlverfahren zum Einsatz kommen.

Planung des Prozesses

2.3 Ein inhaltliches Modell zum Zusammenhang zwischen Intelligenz und Berufserfolg

Zahlreiche Studien bestätigen einen hohen Zusammenhang zwischen allgemeiner kognitiver Fähigkeit (Intelligenz) und Berufs- bzw. Ausbildungserfolg (z. B. Schmidt & Hunter, 1998). Dieser liegt dabei z. T. deutlich über dem für andere eignungsdiagnostische Verfahren (z. B. Assessment-Center) gefundenen Zusammenhang. Zudem zeigen verschiedene Studien einheitlich, dass neben Tests zur allgemeinen kognitiven Fähigkeit nur wenige andere Verfahren einen zusätzlichen Nutzen bei der Vorhersage von Berufs- bzw. Ausbildungserfolg haben (vgl. Kapitel 1.6.1 bis 1.6.3).

Erwerb von fachspezifischem Wissen

Es gibt verschiedene Annahmen darüber, wie die allgemeine Intelligenz zu Ausbildungs- und Berufserfolg führt. An dieser Stelle soll dazu exemplarisch eine dieser Annahmen vorgestellt werden. Schmidt und Hunter (2004) nehmen in ihrem Modell an, dass eine hohe allgemeine Intelligenz vor allem indirekt zu beruflichem Erfolg beiträgt. Menschen mit einer hohen allgemeinen Intelligenz können leichter und mehr fachspezifisches Wissen erwerben. Ein hohes Ausmaß an fachspezifischem Wissen wiederum ermöglicht bessere berufliche Leistungen. Die Autoren konnten Belege für diese Annahmen in zwei unterschiedlichen beruflichen Kontexten finden. Eine vereinfachte Version des Modells ist in Abbildung 10 dargestellt.

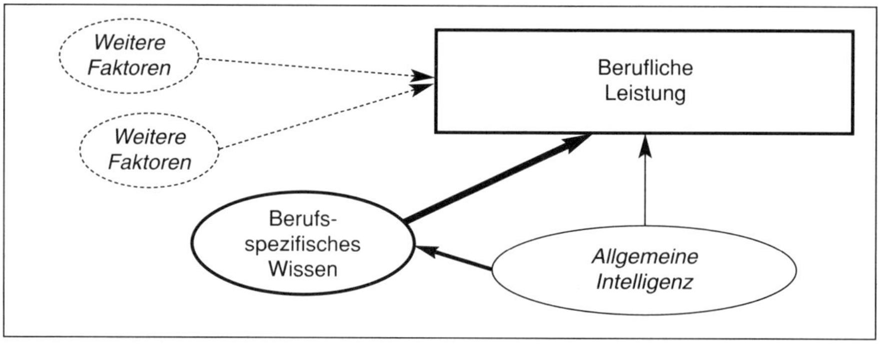

Abbildung 10:
Zusammenhang zwischen allgemeiner Intelligenz und Berufserfolg

2.4 Intelligenz-Modelle

Allgemeine Intelligenz oder Intelligenz-Komponenten?

In der über 100-jährigen Tradition der Intelligenz-Testung wurden zahlreiche Modelle entwickelt. Solche Modelle machen unterschiedliche Annahmen darüber, in welche Komponenten die Intelligenz zerlegt werden kann und wie diese Komponenten miteinander verknüpft sind. So nehmen einige Modelle eine über allen Intelligenz-Komponenten stehende *allgemeine Intelligenz* an, andere postulieren unabhängige Komponenten ohne eine übergeordnete allgemeine Intelligenz, wieder andere machen dazu keine Aussage.

Unterschiedliche Aussagen je nach Modell

Intelligenz-Modelle spielen für die Intelligenz-Diagnostik eine entscheidende Rolle. Je nach zugrunde liegendem Modell impliziert das Testergebnis andere Schlüsse. So können beispielsweise keine Aussagen über die allgemeine Intelligenz einer Person gemacht werden, wenn dem Test ein Modell zugrunde liegt, das überhaupt keine allgemeine Intelligenz – also keine übergeordnete Fähigkeit – annimmt. Wenn hingegen Aussagen über verschiedene Intelligenzkomponenten (z. B. rechnerisches Denken, räumliches Vorstellungsvermögen) gemacht werden sollen, muss ein Test gewählt werden, dem ein Modell zugrunde liegt, das einzelne Komponenten der Intelligenz voraussetzt.

Fazit
Das dem Test zugrunde liegende Intelligenz-Modell legt fest, welche Aussagen anhand des Intelligenztest-Ergebnisses gemacht werden können.

Inhaltliche Fähigkeiten und Operationen

Besonders gut lässt sich die enge Verknüpfung zwischen Modell und Test anhand des Berliner Intelligenzstrukturmodells von Jäger (1984) zeigen. Dieses Modell nimmt an, dass Intelligenzleistungen aus inhaltlichen Fähigkeiten (verbal, numerisch, figural) und „Operationen" (Bearbeitungsgeschwindigkeit, Merkfähigkeit, Einfallsreichtum, Verarbeitungskapazität) bestehen (siehe Abbildung 11). Aus jeder Kombination einer inhaltlichen Fähigkeit mit einer Operation kann dann ein entsprechender Test konstruiert werden, z. B. ein verbaler Merkfähigkeitstest oder ein numerischer Verarbeitungskapazitätstest (grau markierte Felder in Abbildung 11). Eine Testbatterie, die alle Kombinationen des Berliner Intelligenzstrukturmodells abdeckt, ist der Berliner Intelligenzstrukturtest (Jäger, Süß & Beauducel, 1997).

Integration vieler Befunde

Ein Intelligenz-Modell, das sehr viel Beachtung gefunden hat, weil es unterschiedliche empirische Befunde zur Intelligenzstruktur integriert, ist das Modell von Carroll (1993). Darin wird ein breites Spektrum an speziellen Fähigkeiten unterschieden und – basierend auf empirischen Analysen – nach deren Relevanz für allgemeine Intelligenz geordnet. Das Intelligenzstruktur-Modell von Carroll eignet sich zudem aufgrund der zahlreichen darin integrierten Fähigkeitsbereiche hervorragend für eine systematische Unterscheidung einzelner kognitiver Fähigkeiten.

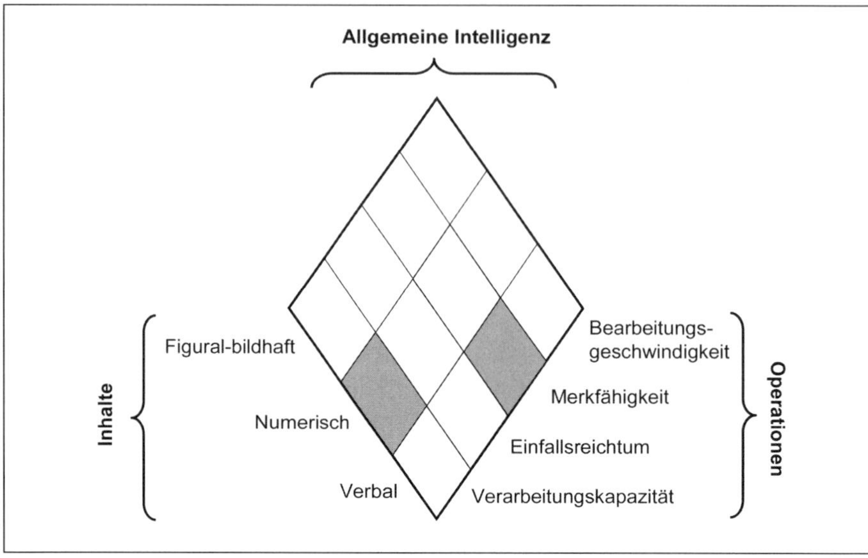

Abbildung 11:
Das Berliner Intelligenzstrukturmodell

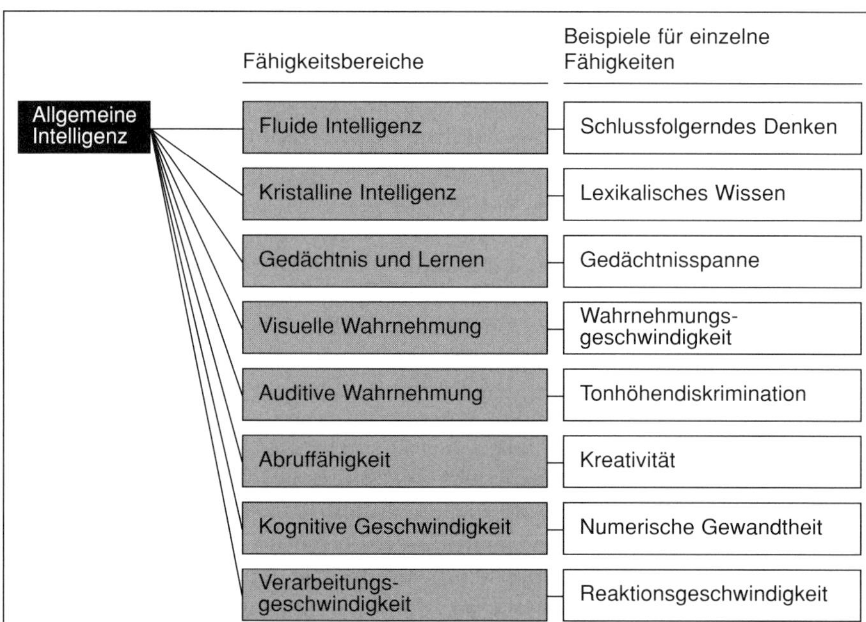

Abbildung 12:
Das Intelligenz-Modell von Carroll und beispielhafte Zuordnung von Fähigkeiten, die mit Leistungstests erfasst werden können

Die Länge der Verbindungslinien verdeutlicht die Relevanz der Fähigkeitsbereiche für die allgemeine Intelligenz. Hierbei gilt: Je kürzer die Linie, desto höher die Relevanz. Fluide Intelligenz ist in unmittelbarer Nähe zur allgemeinen Intelligenz angeordnet; man versteht darunter weitgehend kulturunabhängige grundlegende Denkprozesse, wie z. B. Schlussfolgern oder Problemlösen. Aufgaben zur fluiden Intelligenz lassen sich fast ohne oder mit geringem Vorwissen lösen.

Kernbereich der allgemeinen Intelligenz

Vor allem dem Bereich der kristallinen Intelligenz können viele spezielle Leistungstests zugeordnet werden. Unter kristalliner Intelligenz versteht man kultur- und schulspezifisches Wissen. Leistungen, die man nur erbringen kann, wenn man das dafür notwendige Wissen im Laufe einer Ausbildung, Schulung oder durch Erfahrung erworben hat, sind daher dem Bereich der kristallinen Intelligenz zuzuordnen. Darunter fallen somit auch Wortschatz-Tests, Tests zum physikalisch-technischen Verständnis oder Büroarbeitstests.

Kultur- und schulspezifisches Wissen

Auch Gedächtnis- und Lerntests können im Bereich der Eignungsdiagnostik zum Einsatz kommen. Meist werden solche Tests jedoch aufgrund der Anforderungen des jeweiligen Berufs speziell konstruiert.

Da die weiteren Fähigkeitsbereiche aus dem Modell von Carroll (1993) im Personalmanagement nur bei sehr spezifischen Fragestellungen relevant sind, werden sie hier nicht näher ausgeführt.

3 Analyse und Maßnahmeempfehlungen

3.1 Ist ein Einsatz von Leistungstests in der Eignungsdiagnostik sinnvoll?

Ein häufiges Argument im Zuge des Mangels an qualifizierten Fachkräften ist, dass eine Auswahl keinen Sinn mehr macht, da man ja froh sein muss, überhaupt ausreichend viele qualifizierte Bewerber zu finden. Dies ist jedoch kein Argument gegen eine fundierte Personalauswahl. Es ist leicht einzusehen, dass z. B. bei einem Mangel an Piloten niemand auf die Idee käme, ohne Auswahlverfahren alle verfügbaren Bewerber einzustellen. Selbst ohne eine genügend große Auswahl an Bewerbern, kann man natürlich immer noch Bewerber ablehnen, weil sie anforderungs-analytisch begründete Mindestwerte nicht erfüllen. Das Personalmanagement ist hier gefordert, die Prozesse von einer Besten-Auswahl auf eine „Ungeeigneten-Ablehnung“ umzustellen und die Kosten einer nicht besetzten Stelle mit den Kosten einer Fehlbesetzung zu vergleichen. Anforderungsanalytisch begründete Mindestwerte in den eingesetzten Verfahren sind also eine Möglichkeit, mit einem Mangel an qualifizierten Fachkräften umzu-

Mangel an qualifizierten Bewerbern

gehen. Natürlich sind auch erhöhte Bemühungen des Personalmarketings gefordert, um qualifizierte Personen zu einer Bewerbung zu animieren. An dieser Stelle sei dazu auch bemerkt, dass das Werben mit einer Personalauswahl nach den Grundsätzen der DIN 33430 ein Marketing-Argument darstellen kann.

Einsatz von Leistungstests im Personalmanagement

Der Einsatz von Leistungstests in der Eignungsdiagnostik ist immer dann sinnvoll, wenn folgende Bedingungen erfüllt sind:

1. Bestimmte Fähigkeiten und/oder Fertigkeiten wurden als notwendig für die Person festgestellt, die einen Arbeitsplatz einnehmen soll.

Personenbezogen-empirische Anforderungsanalyse

Dieser Punkt nimmt Bezug auf die bereits als wesentlicher Bestandteil der Eignungsdiagnostik beschriebene Anforderungsanalyse. Obwohl hier nicht näher auf verschiedene Möglichkeiten der Anforderungsanalyse eingegangen werden soll, sei betont, dass die bereits mehrfach erwähnten Meta-Analysen so genannte personenbezogen-empirische Anforderungsanalysen darstellen. Diese haben für ein breites Spektrum an Berufsfeldern in zahlreichen Ländern einheitlich die allgemeine Intelligenz als zentrale Fähigkeit für Ausbildungs- und Berufserfolg identifiziert.

2. Die Bewerber unterscheiden sich in dem Ausmaß, in dem sie diese Fähigkeiten oder Fertigkeiten besitzen.

Unterschied in relevanten Fähigkeiten

Unterscheiden sich Bewerber nicht in den als relevant erachteten Fähigkeiten oder Fertigkeiten, so sind diese Fähigkeiten oder Fertigkeiten nicht als Auswahlkriterium geeignet. Beispielsweise werden sich Bewerber für eine Ausbildung (vor Ausbildungsbeginn) nicht wesentlich in ihrer Kenntnis fachspezifischer Ausbildungsinhalte unterscheiden – sie werden gleichermaßen ahnungslos sein. Ebenso werden sich interne Bewerber, die von ihren Vorgesetzten für eine Führungsposition vorgeschlagen wurden, in ihren Kenntnissen basaler betrieblicher Abläufe nicht unterscheiden – diese sollten allen internen Bewerbern bekannt sein. Obwohl die erwähnten Kenntnisse zweifellos relevant sind für die Ausübung des späteren Berufs, wird man durch deren Erfassung keine Aufschlüsse über mehr oder weniger geeignete Kandidaten erhalten.

3. Diese Unterschiede sind zuverlässig feststellbar (d. h. entsprechende Tests sind verfügbar).

Unterschiede sind messbar

Sorgfältig konstruierte Leistungstests sind in der Regel sehr zuverlässige Messinstrumente, sodass davon ausgegangen werden kann, dass relevante Fähigkeiten, in denen sich Menschen unterscheiden, auch mit einer ausreichenden Messgenauigkeit erfasst werden können.

4. Es existieren keine anderen Verfahren, mit denen eine Eigenschaft zuverlässiger bzw. gleich zuverlässig, aber ökonomischer festgestellt werden kann.

In der Regel wird durch die identifizierte Anforderung schon nahe gelegt, welche eignungsdiagnostischen Verfahren prinzipiell geeignet sind.

Repräsentative Auswahl an Aufgaben

3.2 Ist ein Einsatz von Leistungstests in der Personalentwicklung sinnvoll?

Indikatoren für Entwicklungspotenzial

Die Ermittlung des Entwicklungsbedarfs oder des Potenzials von Mitarbeitern wird häufig intuitiv durchgeführt. Vor allem für die Beurteilung des Potenzials ist es nicht entscheidend, was ein Mitarbeiter bereits kann, sondern es gilt abzuschätzen, was dieser Mitarbeiter zukünftig über die aktuellen Aufgaben hinaus zu leisten im Stande sein wird. In solchen Fällen können Leistungstests, die auf die Ermittlung einer zugrunde liegenden Fähigkeit abzielen, helfen, die Entwicklungsmöglichkeiten eines Stelleninhabers objektiv und ökonomisch einzuschätzen. Fähigkeiten, z. B. die allgemeine kognitive Leistungsfähigkeit, sind stabile Eigenschaften und wirken sich auch künftig auf veränderte Anforderungen aus. Intelligenztests haben nachweislich eine hohe Prognosekraft für unterschiedliche Formen des Ausbildungserfolgs. Man kann also davon ausgehen, dass hier ein „Potenzial" erfasst wird, das sich z. B. förderlich auf alle Fort- und Weiterbildungsmaßnahmen auswirkt, an denen ein Mitarbeiter teilnimmt.

Aktueller Entwicklungsbedarf

Viele Tätigkeiten stellen konkrete Anforderungen an bestimmte Fertigkeiten. Fertigkeiten sind im Gegensatz zu Fähigkeiten als erlernbar definiert. Hier geht es also im Rahmen der Personalentwicklung nicht um ein generelles Potenzial, sondern um konkrete Fertigkeiten, die entweder ausreichend vorhanden sind oder noch erworben werden müssen. Genau dieses kann mit Leistungstests gezielt geprüft und der aktuelle Entwicklungsbedarf abgeschätzt werden.

Fazit

Mithilfe von Leistungstests kann das Potenzial eines Mitarbeiters für zukünftige Aufgaben festgestellt sowie Entwicklungsbedarf bei erlernbaren Fertigkeiten aufgezeigt werden.

3.3 Wo findet man Informationen zu einem bestimmten Test?

„Auf der Suche nach Qualität im Testdschungel" – unter dieser Überschrift fassen Göhs und Dick (2001) die Ergebnisse einer Befragung der Top 300 deutscher Unternehmen zusammen. Die meisten Personalverantwortlichen (73 Prozent) fanden es schwierig, aus dem Angebot an Tests das für ihre Zwecke passende Verfahren zu finden. Die Autoren beklagen die Intransparenz des deutschen Testmarktes, denn es ist oftmals nicht leicht festzustellen, ob ein Verfahren unseriös oder wissenschaftlich fundiert ist. Dabei ist die wissenschaftliche Fundiertheit der Tests sehr wichtig; die befragten Unternehmen stuften den wissenschaftlichen Hintergrund der Verfahren auf einer Skala von 1 (völlig unwichtig) bis 6 (sehr wichtig) mit durchschnittlich 5,16 ein. Dieses Umfrageergebnis steht jedoch in deutlichem Gegensatz zu der sehr weiten Verbreitung und großen Beliebtheit einiger Testverfahren, die schlichtweg als unwissenschaftlich beurteilt werden müssen. Wenn man, wie die von Göhs und Dick (2001) Befragten, wissenschaftlich fundierte Verfahren schätzt, benötigt man entsprechende Informationsquellen, anhand derer man die Qualität von Tests beurteilen kann.

Informationen im Testmanual

Die wichtigste Informationsquelle, die Aufschluss über die Qualität eines Tests gibt, ist das Testmanual. Die Manuale haben allerdings den Nachteil, dass sie nicht frei verfügbar sind. Man muss den Test erst anschaffen oder das Testmanual bei anderen Einrichtungen, etwa der Testbibliothek einer Universität (die aber nicht allen Interessierten zugänglich ist) einsehen. Deshalb werden im Folgenden andere Informationsquellen genannt.

Testkompendien

Testkompendien sind Fachbücher, die über Leistungstests sowie andere Tests bzw. Fragebogen informieren. In der wissenschaftlichen Psychologie gilt das zweibändige „Brickenkamp Handbuch psychologischer und pädagogischer Tests" (Brähler, Holling, Leutner & Petermann, 2002) als Standardwerk. Darin werden fast alle im deutschen Sprachraum von Testverlagen vertriebenen Tests von unabhängigen Experten nach einem einheitlichen Schema beschrieben. Grundlage sind die Testmanuale; zum Teil fließen auch Testrezensionen ein. Allerdings sind nur die wenigsten der dort erfassten Tests für den Einsatz im Personalmanagement vorgesehen. Speziell auf diesen Bereich zugeschnitten ist das „Handbuch wirtschaftspsychologischer Testverfahren" (Sarges & Wottawa, 2004). Die Tests werden, meist von den Testautoren selbst, nach einem sehr ähnlichen einheitlichen Schema beschrieben. Beide Werke enthalten umfangreiche Register, die bei der Suche nach einem Test für einen bestimmten Verwendungszweck hilfreich sind.

Informationen der Testverlage

Anbieter von Tests bieten nicht nur Ihre Produkte, sondern auch für den Kauf relevante Informationen an. Die großen Testverlage halten Testkataloge, Prospekte zu Neuerscheinungen und Informationsseiten im Internet bereit. Anhand dieser Informationen können Anwender eine Vorauswahl treffen; Antworten auf alle in unserer Checkliste zur Testauswahl (siehe unten) genannten Fragen wird man aber kaum finden. Im deutschen Sprachraum findet man ein breites Angebot an wissenschaftlich fundierten Tests (daneben teilweise auch einige ältere Verfahren, die heutigen Standards nicht genügen) bei den Verlagen Pearson (www.pearsonassessment.de), Hogrefe (www.hogrefe.de) und Schuhfried (www.schuhfried.at), wobei letzterer ausschließlich computergestützte Verfahren anbietet. Daneben gibt es eine Reihe von Dienstleistern im Bereich Personalauswahl, die eigene Tests anbieten.

Testrezensionen

Viele Tests werden meist kurz nach ihrer Markteinführung von ausgewählten Experten rezensiert. Die Rezensionen enthalten in der Regel eine Beschreibung des Verfahrens und eine Bewertung. Die Fachzeitschriften, in denen solche Rezensionen erscheinen, machen meist bestimmte Vorgaben an die Rezensenten. Stil und Qualität der Rezensionen variieren jedoch beträchtlich. Einschlägige Fachzeitschriften, in denen häufig Testrezensionen erscheinen, sind die *Zeitschrift für Arbeits- und Organisationspsychologie A & O* und die *Zeitschrift für Personalpsychologie*. Ferner sei auf eine von Fay herausgegebene Buchserie „Tests unter der Lupe“ hingewiesen, in der einzelne Tests, allerdings aus unterschiedlichen Themenbereichen, ähnlich wie in einer Rezension dargestellt werden. Die Serie wird derzeit von Vandenhoek und Ruprecht verlegt und zuletzt erschien Band 5 (2006); das Inhaltsverzeichnis kann auf der Internetseite des Verlags eingesehen werden.

Datenbanken

Die kostenpflichtige Datenbank PSYNDEX Tests wird von dem Anbieter ZPID betrieben und beinhaltet insgesamt über 5.500 Tests ab dem Erscheinungsjahr 1945 (Quelle: www.zpid.de). Zu den gängigsten Verfahren finden sich dort umfangreiche Informationen. Über Zugangsmöglichkeiten zu dieser Datenbank kann man sich informieren unter (http://www.zpid.de/index.php?wahl=PSYNDEX; Stand: Juli 2008).

Seit Mitte 2008 werden in der Zeitschrift Report Psychologie und auf den Webseiten des ZPID standardisierte Testbeschreibungen und -beurteilungen zur Verfügung gestellt, die sich unter anderem an den Qualitätsmaßstäben der DIN 33430 orientieren (TBS-TK, siehe Moosbrugger, Stemmler & Kersting, 2008). Anhand dieser Quellen kann man sich als Anwender leicht und schnell ein Urteil über den jeweiligen Test bilden.

3.4 Wie wählt man den richtigen Test aus?

Schrittweises Vorgehen

Prinzipiell können Leistungstests über verschiedene Testverlage bezogen werden. Darüber hinaus bieten Beratungsgesellschaften eigene Verfahren an. Einige Anbieter leisten auch eine speziell auf die Belange eines Unternehmens zugeschnittene Testentwicklung. In diesem Abschnitt wird ein schrittweises Vorgehen bei der Auswahl des passenden Tests vorgeschlagen. Natürlich möchte man nicht nur den einen für den jeweiligen Anwendungsfall passenden Test auswählen; die Qualität des Tests muss auch sichergestellt sein. Diese Aspekte sind eng miteinander verknüpft. In diesem Abschnitt wird zunächst ein grober Check der Passung/Qualität eines Tests vorgeschlagen und dann werden Hinweise gegeben, auf welche Aspekte im Detail geachtet werden kann.

1. Inhalt
Sind für die anforderungsanalytisch identifizierte Fähigkeit bzw. Fertigkeit etablierte Verfahren verfügbar?

Internetseiten der Testverlage sowie deren Testkataloge stellen Informationen über den Inhalt eines Tests bereit. Hier finden Sie Formulierungen wie „Dieser Test soll … messen." Achtung: Um ihren Test attraktiv zu machen, geben Testautoren hier oft viele verschiedene Aspekte an. Um zu beurteilen, ob ein Test auch das misst, was er messen soll, sind die Angaben zur Validität zu prüfen sowie – wenn möglich – einschlägige weitere wissenschaftliche Erkenntnisse heranzuziehen. In der Eignungsdiagnostik sind vor allem Angaben zur prognostischen Validität, also der Prognosegüte eines Tests relevant. Das Kriterium „Inhalt" kann also nur einer Vorauswahl dienen!

- ○ Ja, es sind Tests verfügbar, die die identifizierten Fähigkeiten bzw. Fertigkeiten erfassen sollen
  → weiter zu 2.
- ○ Nein, solche Tests sind nicht verfügbar
  → Kontaktieren Sie einen professionellen Testentwickler

2. Zielgruppe
Ist der Test für die Zielgruppe geeignet?

Manche Tests sind nur für einen bestimmten Altersbereich geeignet oder werden nur für ein bestimmtes Bildungsniveau empfohlen. Wenn die Testergebnisse auch mit denen einer Referenzgruppe (repräsentative

Bevölkerungsgruppe, Personen mit gleichem Bildungsabschluss etc.) verglichen werden sollen, ist auch zu prüfen, ob entsprechende Normtabellen vorliegen.

Wenn zur Zielgruppe auch Personen gehören, die durch bestimmte Eigenschaften des Tests benachteiligt werden, ist der Test zumindest für diesen Teil der Zielgruppe nicht geeignet; der Test wäre nicht *fair*. Kritische Testmerkmale können sein: kulturspezifische Wissensfragen (bei Testpersonen aus anderen Kulturkreisen), Aufgaben, bei denen man die genaue Wortbedeutung kennen muss (bei Testpersonen, die die deutsche Sprache nicht gut genug beherrschen).

○ Ja; der Test ist für die Zielgruppe geeignet
→ weiter zu 3.

○ Nein, der Test ist nicht für die Zielgruppe geeignet
→ Wählen Sie einen anderen Test aus; falls kein weiterer Test zur Verfügung steht, kontaktieren Sie einen professionellen Testentwickler

3. Messgenauigkeit

Gewährleistet der Test ein ausreichendes Maß an Messgenauigkeit (auch Reliabilität genannt)?

Die mit psychologischen Tests stets verbundene Ungenauigkeit der Messung sollte möglichst gering sein. Angaben hierzu finden sich im Manual bzw. in der Sekundärliteratur unter dem Stichwort Reliabilität.

Obwohl es verschiedene Methoden der Schätzung der Messgenauigkeit gibt und das Ergebnis auch von der Methode abhängt, kann man vereinfachend sagen, dass bei Tests, die für wichtige Entscheidungen auf der individuellen Ebene (z. B. Personalauswahlentscheidung) Reliabilitätskoeffizienten > 0.90 als „gut" anzusehen sind. Reliabilitätskoeffizienten > 0.80 sind für solche Zwecke „ausreichend". Für weniger bedeutsame Entscheidungen auf der individuellen Ebene (z. B. Fortschrittskontrolle) würde der gleiche Koeffizient als „gut" bezeichnet. Diese Wertung entstammt einem niederländischen Beurteilungssystem (COTAN, Evers, 2001).

Reliabilitätskoeffizienten werden in empirischen Untersuchungen ermittelt. Die Untersuchungsstichprobe muss hinreichend groß sein (N > 100) und soll möglichst in biografischer Hinsicht den zu untersuchenden Personen möglichst ähnlich sein. Idealerweise zieht man eine Reliabilitätsangabe heran, die sich auf die relevante Normstichprobe bezieht. Wenn das Testergebnis beispielsweise mit dem von Personen mit Abitur im Alter von 20 bis 50 Jahren (relevante Normstichprobe) verglichen wird, wurde die Reliabilität idealerweise an dieser Stichprobe ermittelt.

○ Ja, der Test hat eine mindestens ausreichende Messgenauigkeit
→ weiter zu 4.

○ Nein, der Test hat keine mindestens ausreichende Messgenauigkeit
→ Wählen Sie einen anderen Test aus; falls kein weiterer Test zur Verfügung steht, kontaktieren Sie einen professionellen Testentwickler

4. Validität/Prognosegüte
Sagt der Test das vorher, was er vorhersagen soll (Prognosegüte)?
Misst der Test das, was er zu messen vorgibt?

Der Test soll nachweislich das messen, was zu messen beabsichtigt ist. Die Validität eines Tests zu beurteilen, kann allerdings selbst für Experten eine anspruchsvolle Aufgabe sein.

Für viele praktische Anwendungen ist eine hohe Prognosegüte erwünscht. Angaben dazu findet man in den Testhandbüchern unter *Kriteriumsvalidität* oder *prognostische Validität*. Meist soll ein Test eingesetzt werden, um die Bewerber zu „entdecken“, die später in einem bestimmten Beruf oder einer Ausbildung erfolgreich sein werden. In diesem Fall interessiert, wie hoch die Prognosegüte des Tests für Berufs- oder Ausbildungserfolg ist. Je höher diese ausfällt, desto besser ist das für den Anwender. Wie bei der Ermittlung der Messgenauigkeit ist es wünschenswert, dass der Koeffizient an einer hinreicht großen ($N > 100$) und biografisch ähnlichen Stichprobe ermittelt wurde. Idealerweise liegen ähnliche Ergebnisse aus mehreren Untersuchungen vor.

Manchmal genügt es zu wissen, dass der Test das misst, was er zu messen beansprucht (= *Konstruktvalidität*[3]). Beispielsweise soll ein Intelligenztest Intelligenz messen, ein Konzentrationstest Konzentration, etc. Als Beleg für die Konstruktvalidität werden oft empirisch ermittelte Zusammenhänge zwischen dem zu validierenden Test und bewährten Tests, die das gleiche messen sollen, aufgeführt. Erfahrungsgemäß werden dabei Koeffizienten um 0.60 festgestellt. Deutlich höhere Werte sind nicht unbedingt besser; sie können auch lediglich darauf zurückzuführen sein, dass sich die Testaufgaben ähnlich sind.

Für Wissenstests, die Kenntnisse in einem bestimmten Bereich erfassen sollen, ist die *Inhaltsvalidität* wichtig. Die Testautoren legen dar, wie sie sichergestellt haben, dass die Testaufgaben tatsächlich diesen Wissensbereich repräsentieren. Deshalb kann die Inhaltsvalidität nicht durch eine Zahl belegt werden, sondern nur durch die Beschreibung der Auswahlprozedur.

3 In der Psychologie versteht man unter einem Konstrukt (z. B. Intelligenz) eine nicht direkt beobachtbare Eigenschaft, die aber durch beobachtbares Verhalten (z. B. das Lösen von vielen Intelligenztestaufgaben) oder andere Ereignisse erschlossen werden kann.

○ Ja, es wurde der Test ausgewählt, der für die konkrete Zielsetzung die überzeugendsten Validitätsbelege aufweist.

→ weiter zu 5.

○ Nein, die verfügbaren Tests machen keine oder nur unbefriedigende Angaben zur Validität

→ kontaktieren Sie einen professionellen Testentwickler

5. Ökonomie

Wenn mehrere Tests mit vergleichbaren Validitätsbelegen übrig geblieben sind, können Sie das ökonomischste Verfahren auswählen. Kriterien dafür können sein:

- Wie lange dauert die Testdurchführung?
- Ist eine Gruppentestung möglich?
- Wie lange dauert die Auswertung?
- Ist eine Computerversion verfügbar (sofern diese ökonomischer ist)?
- Was kostet die Anschaffung des Tests und wie aufwändig ist die Einarbeitung?

Achtung: Erstellen Sie nicht einfach selbst eine Kurzversion des Tests, indem Sie nur bestimmte Aufgaben herausgreifen. Dies kann massive Auswirkungen auf die Messgenauigkeit und die Validität haben. Greifen Sie – sofern verfügbar – auf eine vom Testautor erstellte oder im Manual vorgeschlagene Kurzversion zurück.

Einen ersten Eindruck von der Qualität eines Tests kann man sich leicht verschaffen, indem man prüft, ob notwendige Informationen über den Test bereitgestellt werden. Üblicherweise finden sich diese Informationen im Testmanual. Werbebroschüren und Internetseiten von Testanbietern enthalten meist nur grobe Hinweise und sind in ihrer Funktion auf das Anpreisen eines Produktes (des Tests) festgelegt. Das Testmanual sollte in nachvollziehbarer Weise Auskunft über wesentliche Merkmale des Tests geben.

Notwendige Angaben in Testmanualen

- Theoretische Grundlagen
- Anwendungsbereich
- Testaufbau
- Testkonstruktion
- Testanwendung (Durchführung, Auswertung, Interpretation)
- Angaben zur empirisch vom Testautor ermittelten Messgenauigkeit (Reliabilität) und Validität des Tests

Die geforderten Angaben in Testmanualen tauchen auch in nationalen und internationalen Richtlinien und Standards (Häcker, Leutner & Amelang,

Standards für bereitzustellende Informationen

1998; Testkuratorium der Föderation deutscher Psychologenverbände, 1986) auf, außerdem in Empfehlungen von Testverlagen an Testautoren, in Hinweisen für Testrezensionen einzelner Fachzeitschriften, sowie in der DIN 33430. Die Überschriften variieren in den einzelnen Quellen teilweise, letztlich werden jedoch die gleichen Angaben gefordert.

Theoretische Grundlagen

Theoretische Fundierung notwendig

Informationen zur theoretischen Grundlage finden sich unter dieser bzw. einer ähnlich lautenden Überschrift oder auch in der „Einleitung". Gute psychologische Tests verfügen grundsätzlich über eine theoretische Fundierung. Hierin soll die Fähigkeit, die der jeweilige Test zu messen beabsichtigt, angegeben und definiert sein. Die Fähigkeit sollte so präzise wie möglich beschrieben werden und muss von anderen Fähigkeiten abgrenzbar sein. Zu vage wäre etwa die Angabe, ein Test solle „die allgemeine Leistungsfähigkeit" erfassen. Angemessen wären hingegen z. B. „allgemeine Intelligenz", „rechnerisches Denken" oder „räumliches Vorstellungsvermögen". Die Testautoren sollten dabei stets angeben, was sie unter dem Begriff/der Fähigkeit verstehen (Definition) und auf welche Theorie und/oder Forschungsergebnisse sie Bezug nehmen.

Aussage je nach Definition und Modell

Die Bedeutung solcher Angaben wird besonders am Beispiel von Intelligenztests deutlich. Es existieren unterschiedliche Vorstellungen darüber, wie man Intelligenz definiert. Je nach Intelligenzdefinition oder -modell können die Tests also unterschiedliche Aufgabentypen beinhalten. Das bedeutet auch, dass dieselben Personen in verschiedenen Intelligenztests unterschiedliche Ergebnisse erzielen können. Um sinnvolle Aussagen zu den erzielten Ergebnissen in einem spezifischen Intelligenztest machen zu können, ist es daher wichtig zu wissen, welche Definition oder welches Modell dem Test zugrunde gelegt wurde.

Anwendungsbereich

Nur an der Zielgruppe durchführen

Tests werden stets für den Einsatz an einer bestimmten Zielgruppe konstruiert. Diese sollte explizit benannt und eingegrenzt werden. Führt man Tests an Personen durch, die nicht der relevanten Zielgruppe entsprechen, besteht die Gefahr, dass diese benachteiligt werden, einen Vorteil haben oder das Testergebnis inhaltlich etwas anderes aussagt. Offensichtlich wird dies, wenn man einen englischsprachigen Intelligenztest bei deutschen Mitarbeitern durchführt. Das Testergebnis wird dann nicht nur von der Intelligenz, sondern auch von Englischkenntnissen abhängen. Ein weiteres Beispiel sind bestimmte Fachwissenstests, die für die Auswahl von qualifizierten Fachkräften geeignet, für die Auswahl von Auszubildenden aber ungeeignet sein können. Für letztere kann ein solcher Test zu schwer sein, wenn er z. B. Wissen erfragt, das üblicherweise erst in der Berufsausbildung gewonnen wird.

Der Anwendungsbereich des Tests wird weiter durch die Fragestellungen spezifiziert, zu deren Beantwortung er vorgesehen ist. Beispiele sind „Auswahl von Auszubildenden im technischen Bereich“, „Personalentwicklung von Führungskräften in Eingangspositionen“ oder „nur für Forschungszwecke“. Natürlich kann ein Test auch für mehrere Fragestellungen empfohlen werden. Wenn die Durchführung des Tests an bestimmte körperliche (z. B. Sehvermögen) oder psychische Voraussetzungen (z. B. Konzentrationsfähigkeit) gebunden ist, sollte dies im Manual angegeben werden.

Vorraussetzungen müssen erfüllt sein

Zusammenfassend lässt sich sagen, dass Tests stets nur für den angegebenen Anwendungsbereich verwendet werden sollten. Werden im Manual Voraussetzungen für die Durchführung genannt, sollte unbedingt darauf geachtet werden, dass alle Teilnehmer diese in ausreichendem Umfang mitbringen. Auch wenn das Manual keine expliziten Voraussetzungen benennt, muss man vor der Durchführung eines Tests beachten, dass die erkennbaren, notwendigen Voraussetzungen (z. B. ausreichende Deutschkenntnisse) von allen Teilnehmern erfüllt werden.

Testaufbau

Leistungstests bestehen oft aus mehreren Untertests, die Teilaspekte des interessierenden Merkmals erfassen. Bestimmte Tests sind vollständig durchzuführen, bei anderen kann der Anwender unter verschiedenen Modulen oder zwischen einer Kurz- und einer Langform wählen. Gelegentlich steht eine Parallelform zur Verfügung, manchmal neben einer Papier-und-Bleistift-Version auch ein Computertest.

Testkonstruktion

Beschreibung, wie Test konstruiert wurde

Leistungstests bestehen aus Aufgaben (Items), die nach bestimmten Prinzipien erstellt oder von anderen Tests übernommen wurden. Testautoren sollten die Herkunft der Aufgaben bzw. das Konstruktionsprinzip offenlegen. Haben sie die Items aus anderen Tests abgeschrieben, an bestimmte Testvorbilder angelehnt oder neu konstruiert? Aus einer ersten Sammlung von Aufgaben entsteht meist in mehreren Schritten das Endprodukt des Tests. Die Schritte zur Auswahl der Aufgaben sollten beschrieben werden: Nach welchem testtheoretischen Modell wurde vorgegangen, an welchen Personengruppen wurden die Kennwerte ermittelt und nach welchen Kennwerten erfolgte die Auswahl geeigneter Aufgaben? Solche Angaben zum Konstruktionsprozess helfen, die Qualität des jeweiligen Tests zu beurteilen.

Testanwendung (Durchführung, Auswertung, Interpretation)

Dieser Teil im Manual gibt dem Anwender die nötigen Informationen darüber, was er tun muss, um mit Hilfe des Tests zu einer Aussage über

Tests sind instruktionsgemäß anzuwenden

die Eignung oder Fähigkeit einer untersuchten Person zu gelangen. Wie aufwändig sind die Durchführung und Auswertung? Werden bestimmte Kompetenzen (z. B. Vertrautheit mit den Aufgaben) oder bestimmte Hilfsmittel (Stoppuhr etc.) zur Durchführung benötigt? Auch die Randbedingungen der Testdurchführung müssen geklärt sein (Einzel- oder Gruppentest, Umgang mit Fragen, Lichtverhältnisse etc.). Für die Auswertung ist eine genaue Anweisung nötig: Welche Schablonen sind wie anzuwenden? Was wird ausgewertet? Wie werden offene Antworten bewertet? Wie werden die einzelnen Kennwerte zu einem Gesamtwert verrechnet? Potenzielle Anwender sollten sich fragen, ob die Anweisungen so präzise und verständlich sind, dass sie gut damit arbeiten können. Wenn schließlich ein Ergebnis etwa als Summe der richtigen Antworten vorliegt, stellt sich die Frage, was diese Zahl überhaupt bedeutet. Nutzer wollen wissen, welche Interpretationshilfen sie im Manual finden. Hilfreich sind Schritt-für-Schritt-Anweisungen und Beispiele.

Gütekriterien

Gütekriterien sind zentrale Qualitätsmerkmale

Die Angabe von Testgütekriterien hilft potenziellen Anwendern bei der Bewertung eines Tests: Wie gut ist der Test? Die Testentwickler haben das Verfahren sozusagen auf Herz und Nieren geprüft und legen die Ergebnisse nun offen. Die einzelnen Gütekriterien werden im Kapitel 3.5 erläutert.

Unterschiedliche Maßstäbe

Natürlich kann mithilfe der hier aufgeführten Angaben nur eine erste, eher grobe Beurteilung eines Testverfahrens erfolgen. Beispielsweise ist zwar das Vorliegen von Informationen über die Reliabilität und Validität ein erstes Qualitätsmerkmal eines Tests, jedoch müssen natürlich auch die Höhe und Angemessenheit der Reliabilitäts- und Validitätskoeffizienten beurteilt werden. Allerdings können hier nicht für alle Verfahren gleiche Maßstäbe angesetzt werden, es müssen testspezifische Merkmale mit berücksichtigt werden. Zukünftig werden Experten anhand eines Bewertungssystems (TBS-TK, siehe z. B. Kersting, 2007) gebräuchliche Tests ausführlich bewerten und diese Bewertung für Anwender des Tests verfügbar machen. Darin wird auch eine Einschätzung abgegeben, ob der Einsatz eines Testverfahrens aus Sicht der Experten generell zu empfehlen ist oder nicht.

3.5 Testgütekriterien im Überblick

Information zu Haupt- und Nebengütekriterien notwendig

Um die Güte von Testverfahren beurteilen zu können, müssen einige Haupt- und Nebengütekriterien beachtet werden. Generell dienen Testgütekriterien dazu, dem Anwender Informationen darüber zu geben, ob es sich bei bestimmten Tests um wissenschaftlich vertretbare Verfahren handelt oder nicht. Einige Gütekriterien sind bereits in der Checkliste zur Testauswahl (vgl. Kapitel 3.4) enthalten; sie sollen hier in übersichtlicher Form aufgeführt und näher erläutert werden.

3.5.1 Objektivität

Sicherung der Objektivität

Ein Test kann dann als objektiv angesehen werden, wenn die Ergebnisse nur durch die Leistung der Testperson und nicht etwa durch andere Einflüsse zustande kommen.

Beispielsweise sollten folgende Bedingungen keine Auswirkungen haben: Unterschiedliches Verhalten der Testleiter, unterschiedliche Arbeitsbedingungen, unterschiedliche Vorgehensweisen bei der Auswertung der Tests und der Interpretation der Testergebnisse. Die Objektivität wird durch Standardisierung von Durchführung, Auswertung und Interpretation der Ergebnisse erreicht. Zur Beurteilung der Objektivität werden die entsprechenden Anweisungen auf Vollständigkeit und Klarheit geprüft.

3.5.2 Messgenauigkeit (Reliabilität)

Messgenauigkeit = Reliabilität

Wie bereits erwähnt, haben psychologische Tests keine perfekte Messgenauigkeit. Das Ausmaß der Messgenauigkeit wird durch die sogenannte Reliabilität beziffert.

Sie kann durch eine Zahl ausgedrückt werden, die zwischen 0 (keine) und 1 (perfekte Messgenauigkeit) liegt. Eine hohe Reliabilität bedeutet, dass man davon ausgehen kann, dass eine erneute Durchführung des gleichen Tests das erste Testergebnis bestätigen wird. Bringt man viele Bewerber anhand ihrer Testergebnisse in eine Rangreihe, wird sich diese Rangreihe bei erneuter Testdurchführung umso weniger ändern, je reliabler (zuverlässiger) der Test ist.

Hohe Testwiederholungs-Reliabilität für Vorhersagen

Die Reliabilität kann auf unterschiedliche Weise geschätzt werden. In der Eignungsdiagnostik werden oft Prognosen über den zeitlich später eintretenden Ausbildungs- oder Berufserfolg gemacht. Deshalb ist hier die *Testwiederholungs-Reliabilität* besonders relevant. Zur Ermittlung dieser Kenngröße wird der Test nach einer ersten Anwendung zu einem späteren Zeitpunkt, z. B. nach einem Jahr, von den gleichen Personen erneut durchgeführt. Bei allgemeiner Intelligenz beispielsweise handelt es sich um ein relativ stabiles Merkmal, daher sollten gute Intelligenztests Testwiederholungs-Reliabilitäten nach einem Jahr um 0.90 aufweisen. Oftmals sind in einem Testmanual mehrere Angaben zur Reliabilität zu finden, die durchaus unterschiedlich ausfallen können. Experten wissen, welchen Einfluss die Methode, die zur Schätzung der Reliabilität verwendet wurde, auf die Höhe der Reliabilitäts-Koeffizienten hat. Ebenso können Spezifika der untersuchten Personengruppe die Höhe des Koeffizienten beinflussen.

3.5.3 Validität

Aspekte der Validität

Die Validität von Testverfahren bezeichnet das Ausmaß, in dem ein Test tatsächlich das misst, was er zu messen beansprucht bzw. ob der Test das vorhersagt, was er vorhersagen soll (= Prognosegüte oder Kriteriumsvalidität).

Man kann einen Test hinsichtlich mehrerer Aspekte der Validität beurteilen. Diese Aspekte der Validität sind in Kapitel 3.4 erläutert und werden hier nur noch einmal in der Übersicht dargestellt.

Aspekte der Validität

- Inhaltsvalidität
- Konstruktvalidität
- Kriteriumsvalidität
  - Prognostische Validität oder Prognosegüte kann man als Spezialfall der Kriteriumsvalidität ansehen. Man verwendet diese Begriffe, wenn die Testdurchführung zeitlich deutlich vor der Erhebung des Kriteriums liegt – was die tatsächliche Situation in der Eignungsdiagnostik widerspiegelt.

Die hier dargestellten Hauptgütekriterien Objektivität, Reliabilität und Validität stehen nicht unabhängig nebeneinander sondern bedingen sich gegenseitig.

Relation der Hauptgütekriterien zueinander

Die Hauptgütekriterien bedingen sich gegenseitig in folgender Weise:
- Tests, die eine geringe oder keine Objektivität aufweisen, können nicht oder nur wenig reliabel sein.
- Tests, die nur eine geringe Reliabilität aufweisen, können nicht oder nur in begrenztem Umfang valide sein.
- Aber: Eine hohe Messgenauigkeit gewährleistet nicht automatisch eine hohe Validität.[4]

---

4 Im Gegenteil, eine hohe Messgenauigkeit kann sich sogar nachteilig auf die Validität auswirken. Werden Aufgaben nur mit dem Ziel konsturiert, eine hohe Messgenauigkeit des Tests zu

3.5.4 Nebengütekriterien

Eine Reihe von Testeigenschaften kann man als Nebengütekriterien ansehen. Hier sollen nur die gebräuchlichsten erwähnt werden.

Nebengütekriterien
– Normierung – Testfairness – Ökonomie – Nützlichkeit

Vergleich mit repräsentativer Personengruppe

Die *Normen* eines Tests ermöglichen es, einen individuellen Testwert in Relation zu den Testwerten einer vergleichbaren Personengruppe (z. B. gleichaltrigen Abiturienten) zu setzen. Erst dadurch kann ein Testergebnis (z. B. 45 von 60 Aufgaben richtig gelöst) sinnvoll beurteilt werden. Unter Verwendung von Normen erhält man die Möglichkeit zu sagen, dass z. B. ein Testergebnis von 45 gelösten Aufgaben im Vergleich zu gleichaltrigen Personen ein überdurchschnittliches Ergebnis darstellt.

Qualität der Normierung
Die Qualität der Normierung kann beurteilt werden hinsichtlich – Repräsentativität und Umfang der Normstichprobe – Aktualität (laut DIN 33430 sollte die Gültigkeit der Normen nach spätestens acht Jahren überprüft werden) – Differenzierung in bestimmte Personengruppen (z. B. unterschiedliche Altersgruppen oder Personen mit unterschiedlichen Schulabschlüssen)

Leistungsstand des Bewerberfeldes

Anhand von Normwerten kann ein Unternehmen feststellen, wie ein Bewerberfeld im Vergleich zu einer bundesweit repräsentativen Stichprobe zu beurteilen ist; also beispielsweise ob die besten Bewerber auch im bundesweiten Vergleich zu den Besten gehören. Sollte sich zeigen, dass dies nicht der Fall ist, könnten die Personal-Verantwortlichen kurzfristig die zu besetzende Stelle neu ausschreiben oder mittelfristig ein verändertes Personalmarketing erwägen.

---

erzielen, kann es dazu kommen, dass die Aufgaben sich insgesamt sehr stark ähneln. Mehrmalige Vorgabe von ähnlichen Aufgaben gewährleistet meist eine hohe Messgenauigkeit – man „misst“ denselben Aspekt einer Fähigkeit einfach immer wieder. Allerdings misst man auch ausschließlich nur diesen einen Aspekt, die Vorhersage eines komplexen Kriteriums (das die Messung vieler Aspekte einer Fähigkeit verlangt) kann so aber nicht gut gelingen (= geringe prognostische Validität/Prognosegüte).

Das Nebengütekriterium *Testfairness* wurde bereits in Kapitel 3.2 erwähnt. Die Zugehörigkeit zu einer ethnischen oder soziokulturellen Gruppe sowie das Geschlecht einer Person sollten nicht zu systematischen Unterschieden in den Testergebnissen führen.

Unter dem Aspekt *Ökonomie* wird zusammengefasst, ob ein Test in möglichst kurzer Zeit durchführbar ist (vgl. Kapitel 1.4.3), einfach zu handhaben ist, als Gruppentest durchgeführt werden kann sowie schnell und bequem auszuwerten ist. Je nach Relevanz und Güte der diagnostischen Informationen, die durch einen Test gewonnen werden, kann eine geringere Ökonomie gegebenenfalls in Kauf genommen werden, falls kein gleichwertiges ökonomischeres Verfahren zur Verfügung steht.

Ein Test erfüllt das Nebengütekriterium der *Nützlichkeit*, wenn die auf seiner Basis getroffenen Entscheidungen praktische Relevanz haben.

3.6 Gebräuchliche Leistungstests

An dieser Stelle wird die bereits in Kapitel 1.2 vorgestellte Systematik wieder aufgegriffen. Gegliedert nach allgemeinen Leistungstests, Intelligenztests und speziellen Leistungstests werden ausgewählte und in der Eignungsdiagnostik gebräuchliche Verfahren kurz dargestellt. Entwicklungs- und Schultests haben für das Personalmanagement allenfalls eine untergeordnete Bedeutung und finden daher keine Erwähnung.

Die Auswahl der beschriebenen Tests orientiert sich nicht an deren Einsatzhäufigkeit im Rahmen des Personalmanagements, sondern daran, ob Tests nach wissenschaftlichen Kriterien konstruiert wurden, bei wissenschaftlichen Testverlagen erhältlich sind und die zur Beurteilung der Qualität notwendigen Informationen verfügbar sind. Dieses Buch soll kein Testkompendium sein, das alle verfügbaren Testverfahren auflistet. Obwohl die Eignung eines Tests stets vor dem Hintergrund der jeweiligen Fragestellung geprüft werden muss, so erfüllen die hier beschriebenen Tests doch einige Mindeststandards und können als prinzipiell einsetzbare Verfahren gelten.

Die Beschreibung der Tests orientiert sich an den in Kapitel 3.4 aufgeführten Aspekten. Bezüglich Ökonomie und Fairness können keine allgemeinen Aussagen über einen Test gemacht werden, da diese immer für einen speziellen Anwendungsfall beurteilt werden müssen. Es werden – wenn vorhanden – Alternativ-Verfahren vorgeschlagen.

3.6.1 Allgemeine Leistungstests

Allgemeine Leistungstests meist „Speed"-Tests

Unter dem Begriff allgemeine Leistungstests fasst man vor allem Aufmerksamkeits- und Konzentrationstests zusammen, da diese Tests allgemeine Voraussetzungen für das Erbringen einer kognitiven Leistung erfassen. Die

Aufgaben sind in der Regel so leicht, dass nahezu alle Menschen sie lösen könnten, wenn ihnen genügend Zeit zur Verfügung stünde. Die Bearbeitungszeit dieser Tests ist allerdings begrenzt bzw. es soll so schnell wie möglich gearbeitet bzw. reagiert werden. Damit sind diese Tests als Speed-Tests einzuordnen (vgl. Kapitel 1.4.4).

Aufmerksamkeits- und Konzentrationstests

Aufmerksamkeitstests verlangen von den Testpersonen die Wahrnehmung und Unterscheidung von Reizen. Meist werden verschiedene Reize nacheinander auf einem Bildschirm dargeboten und die Testperson soll durch Tastendruck reagieren.

Auch einige Konzentrationstests verlangen die Wahrnehmung und Unterscheidung von Reizen, allerdings verbunden mit einer erschwerenden Bedingung. Meist besteht die erschwerende Bedingung darin, dass viele Reize (Symbole, Zahlen, Buchstaben, etc.) in einer Reihe auf einem Blatt Papier dargeboten werden; die gesamte Reihe soll dann so schnell und so genau wie möglich abgearbeitet werden. Bei anderen Konzentrationstests sind fortlaufend einfache Rechenaufgaben zu kontrollieren oder durchzuführen, eventuell auch Zwischenergebnisse zu merken oder etwa Kärtchen zu sortieren.

Testbatterie zur Erfassung von Wahrnehmungs- und Aufmerksamkeitsfunktionen (WAF)

Sturm, W. (2006). Mödling: Schuhfried.

Komponenten eines Aufmerksamkeitsmodells

Das Verfahren: Die WAF beinhaltet mehrere unabhängige Untertests, die verschiedene Teilfunktionen der Aufmerksamkeit erfassen sollen. Diese Teilfunktionen sind Alertness (= allgemeine Wachheit, Ansprechbarkeit auf Reize), Daueraufmerksamkeit, Räumliche Aufmerksamkeit, Fokussierte Aufmerksamkeit, Selektive Aufmerksamkeit und Geteilte Aufmerksamkeit. Damit ermöglicht die WAF eine Messung aller Komponenten des Aufmerksamkeitsmodells von van Zomeren und Brouwer (1994).

Reizmaterial: Farbige Quadrate und Kreise

In allen Untertests bekommt der Teilnehmer einfache visuelle (Quadrate oder Kreise in verschiedenen Farben) oder akustische Reize (unterschiedlich hohe Töne) oder eine Kombination aus beidem dargeboten. Aufgabe des Testteilnehmers ist es stets, auf bestimmte Reize oder Reizveränderungen durch schnelles Drücken einer Taste zu reagieren. Die Untertests unterscheiden sich z. B. in der Länge, der Anordnung der Reize und dem Vorhandensein ablenkender Reizen.

Messgenauigkeit: Alle WAF-Untertests zeichnen sich durch eine hohe Messgenauigkeit aus. Die internen Konsistenzen, die als Schätzung der Messgenauigkeit herangezogen wurden, liegen durchweg bei 0.93 und höher.

Validität: Erste Belege für die Validität der WAF-Untertests wurden dadurch erbracht, dass mit den Aufmerksamkeits-Komponenten der WAF das zugrunde liegende Strukturmodell bestätigt werden konnte.

Normen: 16 bis 77 Jahre

Anwendungsbereich: Die WAF ist prinzipiell für alle Anwendungsbereiche geeignet, in denen die Erfassung von Komponenten der Aufmerksamkeit relevant ist. Dies kann z. B. in Produktionsbetrieben bei der Qualitätskontrolle, in der Flugsicherung oder im Schienen- und Straßenverkehr der Fall sein. Belege für den Zusammenhang zwischen den WAF Aufmerksamkeits-Komponenten und beruflichen Leistungsmerkmalen stehen allerdings noch aus. Es stehen Normen für Personen zwischen 16 und 77 Jahren zur Verfügung. Bei Personen mit starken motorischen Beeinträchtigungen sollte die WAF nicht eingesetzt werden.

Dauer: 5 bis 30 Minuten

Dauer: Die Durchführungsdauer pro Untertest schwankt zwischen mindestens 5 und maximal 30 Minuten. Die Komponente Daueraufmerksamkeit beansprucht dabei die längste Durchführungsdauer, was in der Natur dieser Aufmerksamkeitskomponente liegt. Die Untertests können frei kombiniert werden, die Testdauer ergibt sich dann aus der jeweiligen Kombination an Untertests.

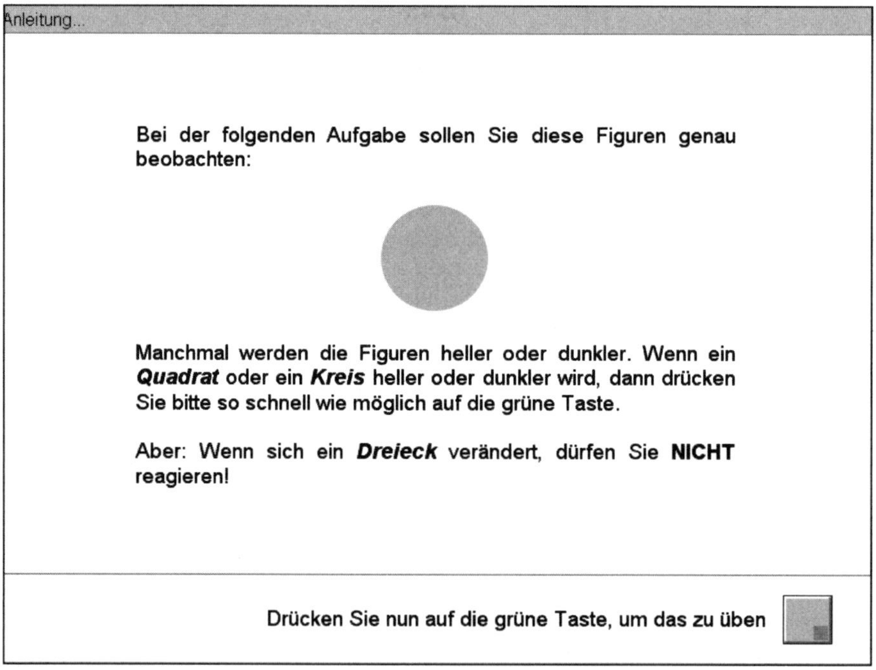

Abbildung 13:
WAF Untertest Selektive Aufmerksamkeit (Sturm, 2006)
(Screenshot der WAF-S aus dem Wiener Testsystem)

Verfügbare Versionen: Da hier, wie bei allen Aufmerksamkeitstests, Reaktionszeiten aufgezeichnet werden, ist eine Durchführung am Computer erforderlich. Eine Papier-und-Bleistift-Version existiert nicht.

Computerversion

Alternativ-Verfahren: Eine alternative Aufmerksamkeitstest-Batterie, die auch alle Komponenten des erwähnten Aufmerksamkeitsmodells erfasst, ist die Testbatterie zur Aufmerksamkeitsprüfung (Zimmermann & Fimm, 2004), kurz TAP genannt. Allerdings ermöglicht nur die WAF eine Vorgabe aller Tests mit visuellen, auditiven oder kombinierten Stimuli. Zudem kann die Intensität der Reize erhöht und abgeschwächt werden. Dies leistet die TAP nicht oder nur eingeschränkt.

Alternativen: TAP

Bezug über: Schuhfried (www.schuhfried.at)

Test d2: Aufmerksamkeits-Belastungstest
(9., überarbeitete und neu normierte Auflage)

Brickenkamp, R. (2002). Göttingen: Hogrefe.

Das Verfahren: Der Test d2 ist ein – auch international – weit verbreiteter Test zur Erfassung der Konzentrationsfähigkeit. Der Name „Aufmerksamkeits-Belastungstest“ leitet sich dadurch ab, dass das Erbringen einer konzentrierten Leistung im Test d2 eine Reizselektion erfordert, eine Aufmerksamkeitsleistung hier also eine grundlegende Voraussetzung darstellt. Da die Testleistung das Bearbeiten vieler Reize unmittelbar nacheinander und unter Zeitdruck beinhaltet, findet man im Testnamen den Zusatz „Belastungstest“. Dies alles lässt sich einfacher unter dem Label Konzentration zusammenfassen.

Messung der Konzentrationsfähigkeit

Im Test d2 werden die Teilnehmer aufgefordert, zeilenweise d’s und p’s mit einem bis vier Strichen durchzugehen und eine bestimmte Reizkonstellation anzustreichen (alle d’s mit insgesamt zwei Strichen, siehe Abbildung 14). Dies soll so schnell und so genau wie möglich und innerhalb eines kurzen Zeitintervalls pro Zeile erfolgen. Der Testleiter fordert die Teilnehmer nach jedem Zeitintervall (20 Sekunden pro Zeile) auf, das Be-

Reizmaterial: d’s und p’s

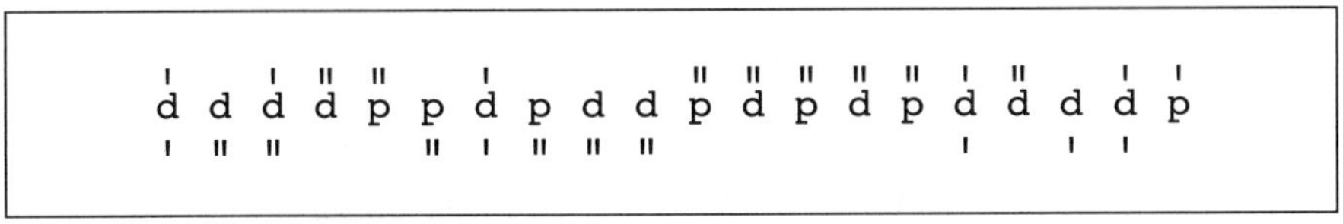

Abbildung 14:
Der Test d2 (Ausschnitt)
(aus: Brickenkamp, R., Schmidt-Atzert, L. & Liepmann, D. (im Druck). Test d2-R – Aufmerksamkeits-Belastungs-Test – revidierte Form. Göttingen: Hogrefe.)

arbeiten der aktuellen Zeile abzubrechen und sofort zum Anfang der nächsten Zeile zu springen und dort weiter zu arbeiten. So erhält man zwei Informationen über das Arbeitsverhalten einer Person: Tempo der Bearbeitung und Genauigkeit der Bearbeitung (Fehlerquote).

Messgenauigkeit: Unterschiedliche Schätzungen der Messgenauigkeit des Tests d2 wurden an verschiedenen Stichproben vorgenommen. Es zeigte sich durchweg eine zufrieden stellende bis sehr hohe Messgenauigkeit.

Validität: Die Validität des Tests d2 wurde in vielen Studien überprüft und bestätigt. Sowohl für die Tempo- als auch für die Fehlerwerte fanden sich bedeutsame Zusammenhänge mit anderen Konzentrationstests.

Darüber hinaus existieren zahlreiche Belege für den Zusammenhang des Tests d2 mit Eignungsmerkmalen, z. B. dem Führen von Kraftfahrzeugen, der Qualitätskontrolle oder beim Sport.

Normen: 9 bis 60 Jahre

Anwendungsbereich: Der Test d2 ist in allen Bereichen anwendbar, in denen die Erfassung der Konzentrationsleistung von Bedeutung ist. Es liegen Normen für einen Altersbereich zwischen 9 und 60 Jahren vor. Eine Version mit vergrößerten Zeichen wurde an 60- bis 92-jährigen Personen erprobt und für einsetzbar befunden. Bei Personen mit starken motorischen Beeinträchtigungen sollte der Test d2 jedoch nicht eingesetzt werden.

Dauer: ca. 10 Minuten

Dauer: Die gesamte Testdurchführung mit Instruktion der Teilnehmer dauert knapp zehn Minuten.

Papier-und-Bleistift-Version

Verfügbare Versionen: Der Test d2 ist im Original nur als Papier-und-Bleistift-Test verfügbar. Es existiert eine Computerversion, die jedoch nicht als äquivalent zu der Original-Version gelten kann. Es wurden nur moderate Zusammenhänge zwischen der Computer- und der Original-Version gefunden.

Alternativen: z. B. FAKT-II

Alternativ-Verfahren: Es stehen viele Tests zur Messung der Konzentrationsfähigkeit zur Verfügung. Der Test d2 ist unter diesen der am häufigsten eingesetzte Test. Zudem liegen für diesen Test sicherlich die meisten wissenschaftlichen Untersuchungen vor (weit über 500). Er kann daher als der am besten evaluierte Konzentrationstest angesehen werden. Als wichtiges Alternativ-Verfahren ist der Frankfurter Adaptive Konzentrationsleistungs-Test (FAKT-II) zu nennen, mit dem z. B. adaptives Testen möglich ist. Der Vorteil des FAKT-II gegenüber dem Test d2 ist die vorbildlich konstruierte Computer-Version, die unter anderem die Variation der Bearbeitungsgeschwindigkeit bzw. dessen adaptive Anpassung an den jeweiligen Teilnehmer erlaubt. Demgegenüber liegen für den Test d2 mehr Belege für dessen Validität in verschiedenen praktischen Einsatzgebieten vor. Eine modifizierte und neu normierte Version dieses Tests befindet sich in Vorbereitung und wird 2009 unter dem Namen d2-R erscheinen.

Bezug über: Hogrefe (www.testzentrale.de)

Frankfurter Adaptiver Konzentrationsleistungs-Test (FAKT-II)

Moosbrugger, H. & Goldhammer, F. (2006). Grundlegend neu bearbeitete und neu normierte 2. Auflage des FAKT von Moosbrugger und Heyden (1997). Bern: Verlag Hans Huber.

Das Verfahren: Der FAKT-II dient der Erfassung der Konzentrationsfähigkeit. Er liefert Kennwerte für Tempo und Genauigkeit der Bearbeitung sowie einen Kennwert für Konzentrations-Homogenität.

Messung der Konzentrationsfähigkeit

Wie beim Test d2 sollen die Teilnehmer einfache Zeichen unterscheiden. Dazu werden vier verschiedene Zeichen verwendet: Kreise mit zwei oder drei Punkten, sowie Quadrate mit zwei oder drei Punkten (siehe Abbildung 15). Diese sollen durch Drücken einer der beiden vorhandenen Tasten als Zielreiz oder Nicht-Zielreiz identifiziert werden. Es existieren drei Testformen, die sich in der Darbietungsmodalität der Reize unterscheiden. Die Testzeit kann festgelegt oder adaptiv gestaltet werden.

Reizmaterial: Kreise und Quadrate

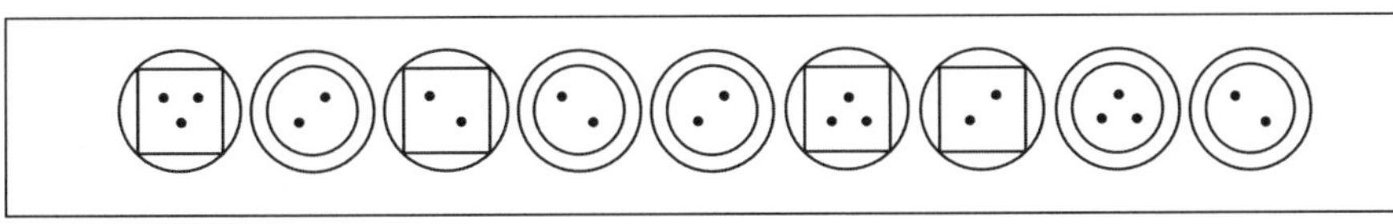

Abbildung 15:
Aufgaben aus dem FAKT-II
(aus: www.assessment-info.de)

Messgenauigkeit: Alle Kennwerte des FAKT-II weisen eine hohe Messgenauigkeit auf.

Validität: Substanzielle Zusammenhänge mit anderen Konzentrationstests, unter anderem mit dem oben beschriebenen Test d2, können als Validitätsbelege für den FAKT-II aufgeführt werden.

Anwendungsbereich: Der FAKT-II kann für Personen zwischen 14 und 60 Jahren angewandt werden und ist prinzipiell in allen Bereichen einsetzbar, in denen die Konzentrationsleistung eine Rolle spielt. Bei Personen mit starken motorischen Beeinträchtigungen sollte der FAKT-II jedoch nicht eingesetzt werden.

Normen: 14 bis 60 Jahre

Dauer: Die Testdurchführung kann je nach gewählter Durchführungs-Modalität zwischen 10 und 30 Minuten schwanken.

Dauer: 10 bis 30 Minuten

Verfügbare Versionen: Der FAKT-II als Computerversion macht eine adaptive Durchführung möglich. Unter der Bezeichnung FAIR existiert aber auch eine Papier-und-Bleistift-Version dieses Tests.

Papier-und-Bleistift- + Computerversion

Alternativen: z. B. Test d2

Alternativ-Verfahren: Hier gilt größtenteils, was bereits im Rahmen der Beschreibung des Tests d2 aufgeführt wurde. Allerdings ist der FAKT-II der einzige computer-gestützte Konzentrationstest, der eine adaptive Testung erlaubt. Dies kann als Vorteil gegenüber dem Test d2 angesehen werden, für den es nur eine unzureichende Computerversion gibt. Andererseits kann der Test d2 auf viele Belege für dessen Validität in verschiedenen praktischen Einsatzgebieten verweisen, die für den FAKT-II noch ausstehen.

Bezug über: Hogrefe (www.testzentrale.de)

3.6.2 Intelligenztests

Vorhersagen für viele Lebensbereiche

Die Erfassung der kognitiven Leistungsfähigkeit von Menschen hat eine lange Tradition. Intelligenztests sind sehr erfolgreiche Verfahren in der psychologischen Diagnostik, denn sie erlauben wie bereits erläutert sehr gute Vorhersagen für viele wichtige Lebensbereiche, z. B. Schul-, Ausbildungs- und Berufserfolg.

Intelligenztests können nach vielerlei Gesichtspunkten unterschieden und systematisiert werden. Dabei spielen die bereits in Kapitel 1.4 erwähnten

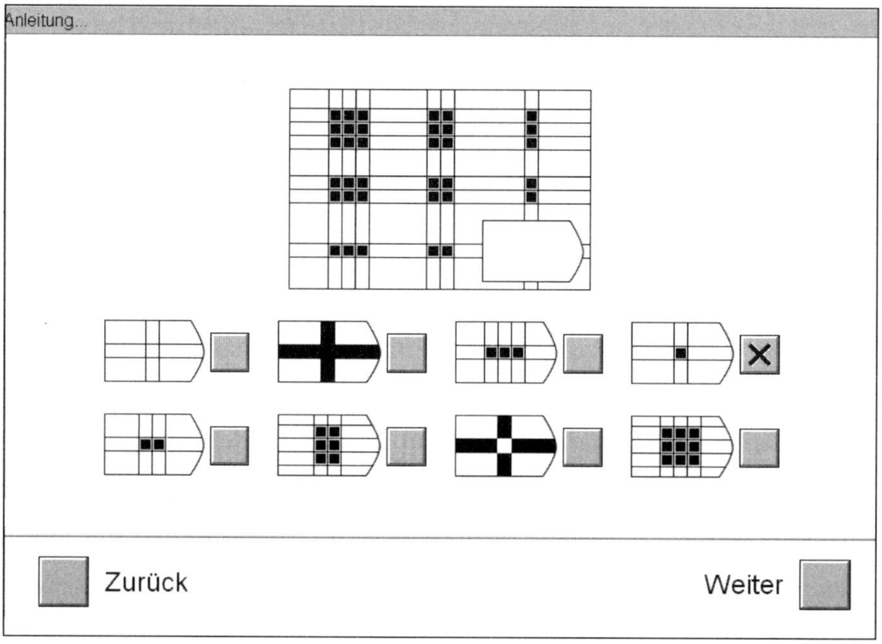

Abbildung 16:
Typische Aufgabe aus einem Matrizentest
(Screenshot der Advanced Progressive Matrices aus dem Wiener Testsystem)

Gesichtspunkte eine Rolle. An dieser Stelle soll eine Unterscheidung anhand verschiedener Intelligenz-Modelle (vgl. Kapitel 2.4) vorgenommen werden, die den einzelnen Tests zugrunde liegen. Es werden hier nur sprachfreie Tests, die Kernbereiche der allgemeinen Intelligenz (also Schlussfolgerndes Denken oder fluide Intelligenz) erfassen, und Intelligenzstrukturtests dargestellt.

Sprachfreie Tests vs. Intelligenzstrukturtests

Sprachfreie Intelligenztests beinhalten häufig Aufgaben, die aus verschiedenen figuralen Elementen bestehen, z. B. drei unterschiedlichen geometrischen Figuren. Aus der Anordnung und Gestaltung der Figuren sollen Testteilnehmer schlussfolgern, welche weitere Figur der Logik entsprechend ergänzt werden müsste. Abbildung 16 zeigt ein Beispiel für eine solche Aufgabe. Da das Schlussfolgernde Denken als Indikator für fluide Intelligenz sowie für allgemeine Intelligenz angesehen wird, beanspruchen solche Tests bisweilen auch deren Messung.

Im Gegensatz zu den sprachfreien Tests zum Schlussfolgernden Denken versuchen Intelligenzstrukturtests, die Intelligenz möglichst „breit" zu erfassen, indem sie Aufgabengruppen zu verschiedenen Komponenten der Intelligenz vorsehen. Dabei unterscheiden sich Intelligenzstrukturtests untereinander in der Auswahl der Komponenten und in der Verrechnung der Ergebnisse zu einem Gesamtwert.

Unterscheidung verschiedener Intelligenztests

Sprachfreie Tests zur Erfassung des Schlussfolgernden Denkens
- Grundintelligenztest Skala 2 – Revision (CFT 20-R)
- Bochumer Matrizentest – advanced (BOMAT)
- Adaptiver Matrizentest (AMT)

Intelligenzstrukturtests
- Intelligenzstrukturtest 2000 R (I-S-T 2000 R)
- Wilde Intelligenztest 2 (WIT-2)

Arbeitsprobenartig gestaltete Intelligenztests
- Arbeitsprobe zur berufsbezogenen Intelligenz – Büro- und kaufmännische Tätigkeiten (AZUBI-BK)
- Arbeitsprobe zur berufsbezogenen Intelligenz: Technische und handwerkliche Tätigkeiten (AZUBI-TH)

Grundintelligenztest Skala 2 – Revision (CFT 20-R)

Weiß, R. H. (2006). Göttingen: Hogrefe.

Das Verfahren: Der CFT 20-R ist ein sprachfreier Test zu Erfassung der fluiden Intelligenz. Da dieser Test nicht vollkommen der ursprünglichen

Messung der fluiden Intelligenz

Intention entspricht, Intelligenz unabhängig von kulturellen Einflüssen zu erfassen, wird er nicht als „culture free“, sondern „culture fair“ bezeichnet. Damit ist gemeint, dass der CFT 20-R und seine Vorgänger eine Messung der Intelligenz unabhängig von einem wesentlichen kulturellen Merkmal, der Sprache, ermöglichen.

4 Untertests

Der CFT 20-R beinhaltet zwei ähnlich aufgebaute Testteile mit jeweils vier Untertests: Reihen fortsetzen, Klassifikationen, Matrizen und topologischen Schlussfolgerungen. Zusätzlich stehen zwei fakultative Untertests zur Verfügung, die nicht beabsichtigen, kultur-fair zu sein, sondern die gerade kulturell vermitteltes Wissen erfassen sollen: Wortschatz und Zahlenfolgen. Im folgenden Kasten sind lediglich die vier kultur-fairen Untertests kurz dargestellt und beschrieben.

Aufgabenbeispiele aus dem CFT 20-R

Reihen fortsetzen

Aus den fünf Symbolen auf der rechten Seite soll das ausgewählt werden, das die Reihe auf der linken Seite sinnvoll ergänzt.

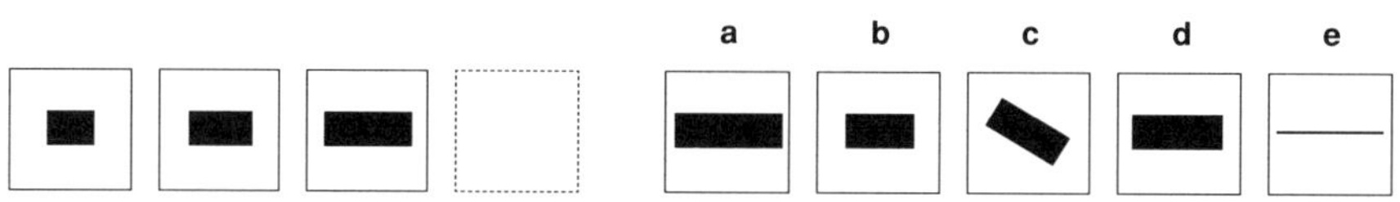

Klassifikationen

Eines der fünf Symbole passt nicht zu den restlichen vier. Dieses soll erkannt werden.

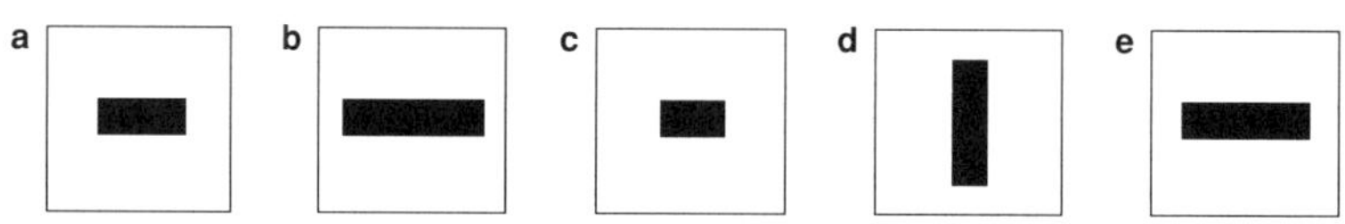

Matrizen

Der Testteilnehmer soll die Systematik erkennen, die der Konfiguration von Symbolen auf der linken Seite zugrunde liegt und das dazu passende Symbol auf der rechten Seite auswählen.

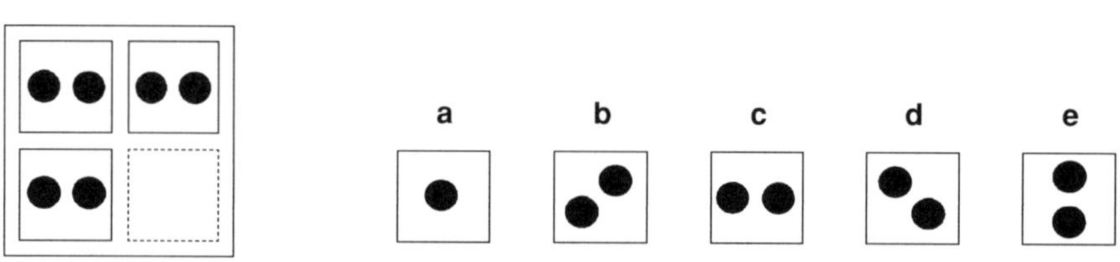

Topologische Schlussfolgerungen

Aufgabe ist es, unter fünf Auswahlfiguren diejenige auszusuchen, in der der Punkt genauso angeordnet ist wie in der Figur links. In diesem Beispiel ist der Punkt im Kreis aber außerhalb des Quadrats.

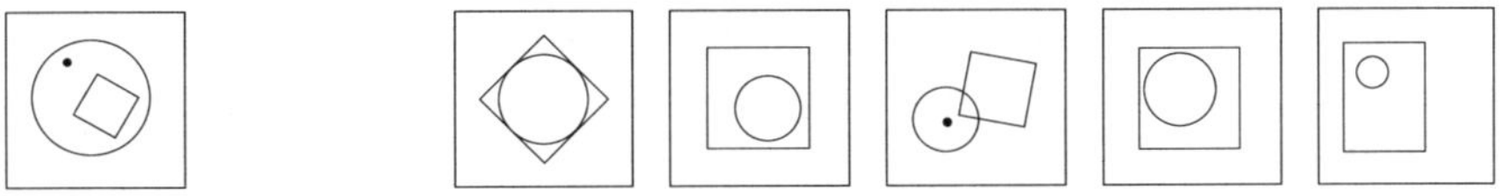

(aus Weiß. R. H., (2006). Grundintelligenztest Skala 2 – Revision (CFT 20-R). Göttingen: Hogrefe.)

Messgenauigkeit: Die mittels Testwiederholung nach drei Monaten geschätzte Messgenauigkeit liegt bei 0.80 bis 0.82 und kann als befriedigend bewertet werden.

Validität: Die Validität des CFT 20-R wurde anhand anderer Intelligenztests überprüft. Die hierbei gefundenen Zusammenhänge können als gute Validitätsbelege gewertet werden. Darüber hinaus fanden sich Zusammenhänge mit der Mathematiknote in der Höhe, wie man sie üblicherweise für Intelligenztests erwarten könnte.

Normen: 8 bis 60 Jahre

Anwendungsbereich: Der CFT 20-R kann bei Personen zwischen 8 und 60 Jahren angewendet werden.

Dauer: 60 Minuten (Kurzform 20 bis 25 Minuten)

Dauer: Die Dauer für die gesamte Testdurchführung inklusive der Instruktion liegt bei ca. 60 Minuten. Als Kurzform kann auch nur Teil 1 vorgegeben werden; dann reduziert sich die Testdauer um ca. 20 bis 25 Minuten. Die fakultativen Untertests Wortschatz und Zahlenreihen beanspruchen weitere 45 Minuten.

Papier-und-Bleistift- + Computerversion

Verfügbare Versionen: Der CFT 20-R liegt in zwei Versionen als Papier-und-Bleistift-Verfahren vor. Diese beiden Versionen unterscheiden sich nur in der Reihenfolge der Aufgaben. Damit soll bei Gruppentestungen Abschreiben verhindert werden. Durch die Aufteilung des Tests in die Testteile 1 und 2 kann nur der erste Testteil als Kurzversion vorgegeben werden. Darüber hinaus steht eine Computerversion zur Verfügung.

Alternativen: SPM, APM, BOMAT, AMT

Alternativ-Verfahren: Als ganze Testklasse, die sich alternativ zum CFT 20-R anbietet, kann die Klasse der Matrizentests angesehen werden. Diese verwenden das Testprinzip, das auch im Untertest Matrizen des CFT 20-R zum Einsatz kommt. Die Matrizentests unterscheiden sich vor allem in der Schwierigkeit der Aufgaben und dem Einsatzbereich. Die Standard Progressive Matrices (SPM; Raven, Court & Raven, 1998) sind deutlich leichter als die Advanced Progressive Matrices (APM, Raven, Court & Raven, 1998). Auch der Bochumer Matrizentest (BOMAT) verwendet – wie der Name schon sagt – das gleiche Testprinzip wie die erwähnten Matrizentests. Eine weitere, adaptiv durchführbare Alternative stellt der Adaptive

Matrizentest (AMT) dar. Der BOMAT und der AMT werden nachfolgend kurz beschrieben.

Bezug über: Hogrefe (www.testzentrale.de).

Die Standard Progressive Matrices und die Advanced Progressive Matrices werden in diesem Buch nicht näher dargestellt. Informationen zu dieser Testfamilie finden sich z. B. bei Sarges & Wottawa (2004). Handbuch wirtschaftspsychologischer Testverfahren. Band I: Personalpsychologische Instrumente (2. Auflage). Lengerich: Pabst. Beziehen kann man Vertreter dieser Testfamilie über: Pearson (www.pearsonassessment.de) oder Schuhfried (www.schuhfried.at).

Bochumer Matrizentest – advanced (BOMAT)

Hossiep, R., Turck, D. & Hasella, M. (1999). Göttingen: Hogrefe.

Kernbereich der allgemeinen Intelligenz

Das Verfahren: Der BOMAT ist ein Matrizentest zur Erfassung eines Kernbereichs der allgemeinen Intelligenz. Er wurde mit dem Ziel konzipiert, Studenten, Absolventen von (Fach-)Hochschulen und akademisch gebildete Manager eignungsdiagnostisch zu untersuchen.

5 x 3-Matrix, in der ein Feld leer ist

Das Testprinzip besteht aus der Vorgabe einer 5 × 3-Matrix, in der ein Feld leer ist. Dieses soll sinnvoll – also dem Prinzip der Matrix folgend – durch eine von sechs Antwortmöglichkeiten ergänzt werden (siehe Abbildung 17).

Messgenauigkeit: Die Messgenauigkeit des BOMAT kann als hoch angesehen werden.

Validität: Der BOMAT wurde bisher nur an einem Test zur Erfassung der Informationsverarbeitungs-Geschwindigkeit validiert, zu dem sich erwartungsgemäß mittlere Zusammenhänge fanden. Die Informationsverarbeitungs-Geschwindigkeit kann als Intelligenz-Komponente angesehen werden, gehört aber nicht zum „Kernbereich" der Intelligenz, dessen Erfassung der BOMAT anstrebt. Darüber hinaus fand man Zusammenhänge mit der Abiturnote, wie man sie üblicherweise zwischen Intelligenztests und der Abiturnote erwartet.

Normen: 18 bis 45 Jahre

Anwendungsbereich: Der BOMAT wurde speziell für eine Messung im oberen Intelligenzbereich und zum Einsatz in Personalauswahl und -entwicklung konzipiert. Es liegen Normen für den Altersbereich zwischen 18 und 45 Jahren vor.

Dauer: 110 Minuten (Kurzform 45 Minuten)

Dauer: Die ungekürzte Version des BOMAT beansprucht inklusive Instruktion ca. 110 Minuten, wobei für die reine Aufgabenbearbeitung 80 Minuten als Zeitbegrenzung vorgegeben werden. Die Kurzversion (BOMAT advanced short version) mit 29 statt 40 Aufgaben ist von den Testteilnehmern in 45 Minuten zu bearbeiten.

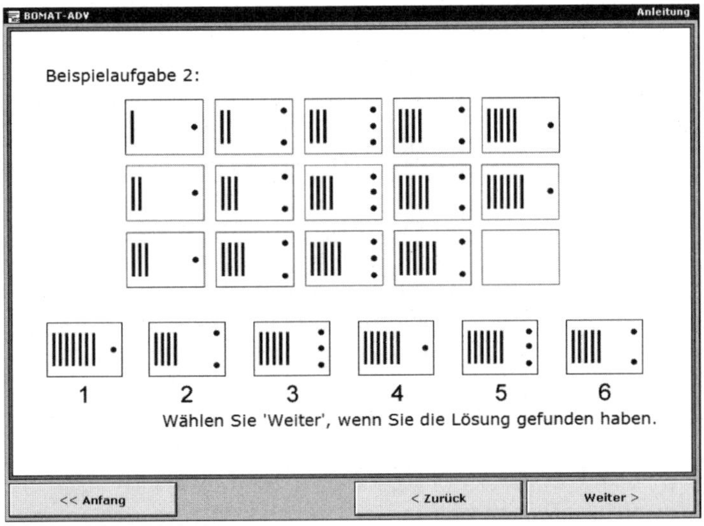

Das leere Feld in der oberen Matrix soll sinnvoll durch eines der sechs unteren Felder ergänzt werden.

Abbildung 17:
Aufgaben aus dem BOMAT – advanced (Screenshot aus dem Hogrefe TestSystem)

Papier-und-Bleistift- + Computerversion

Verfügbare Versionen: Sowohl für die ungekürzte als auch für die Kurzversion des BOMAT liegen Parallelformen vor; ein Abschreiben im Rahmen von Gruppentestungen kann damit ausgeschlossen werden. Der BOMAT kann als Papier-und-Bleistift- oder Computer-Version eingesetzt werden. Neben der hier beschriebenen Version „advanced“ steht auch eine Standard-Version zur Verfügung, deren Zielgruppe Schülerinnen und Schüler aller Schulformen sind.

Alternativen: APM, AMT

Alternativ-Verfahren: Als Alternative kommen nur die Advanced Progressive Matrices (APM) in Frage, da diese ein ähnliches Schwierigkeitsniveau aufweisen und somit auch für Hochschulabsolventen und akademisch gebildete Manager geeignet sind. Auch der Adaptive Matrizentest (AMT) kann alternativ berücksichtigt werden, da durch die adaptive Vorgabe bei hoch intelligenten Personen schwierigere Aufgaben verwendet werden.

Bezug über: Hogrefe (www.testzentrale.de)

Adaptiver Matrizentest (AMT)

Hornke, L. F., Etzel, S. & Rettig, K. (1999). Mödling: Schuhfried.

Kernbereich der allgemeinen Intelligenz

Das Verfahren: Der AMT beansprucht die sprachfreie Messung des Kernbereichs der allgemeinen Intelligenz. Dabei ist die Testvorgabe adaptiv.

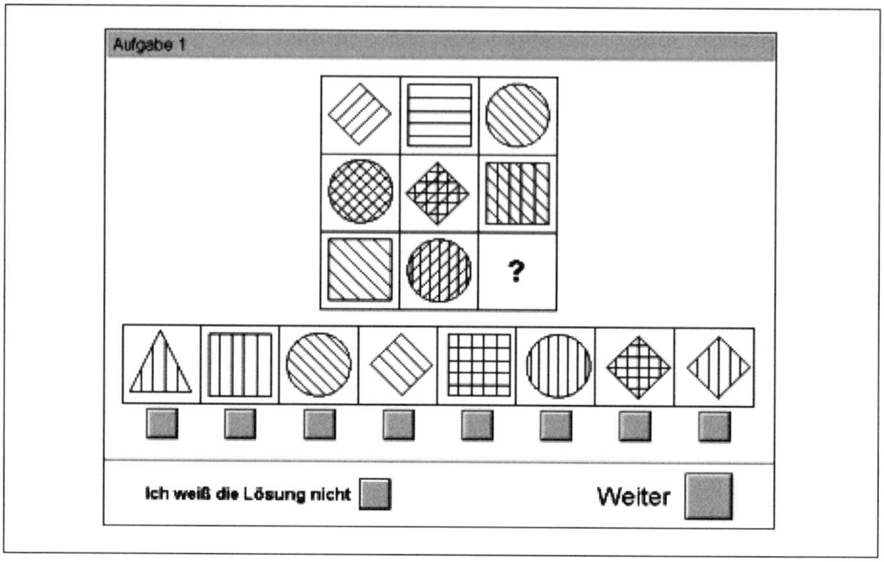

Abbildung 18:
Aufgabe aus dem AMT: Eines der unteren acht Symbole ergänzt sinnvoll die obere Matrix. Dieses soll erkannt werden. (Quelle: Schuhfried GmbH, www.schuhfried.at)

Matrix mit neun Feldern, eines leer

Dem Aufgabenprinzip der Matrizentests folgend bestehen die Aufgaben des AMT aus einer Matrix mit neun Feldern, von denen acht mit unterschiedlichen Figuren gefüllt sind und eines leer ist. Das leere Feld soll sinnvoll mit einer von acht vorgegebenen Antwortalternativen ergänzt werden (siehe Abbildung 18).

Messgenauigkeit: Die adaptive, computer-gestützte Vorgabe verschiedener Aufgaben aus einem umfangreichen Aufgaben-Pool ermöglicht es, dem jeweiligen Testteilnehmer solange Aufgaben vorzugeben, bis die von den Autoren vorab fastgelegte Messgenauigkeit erreicht ist.

Validität: Bislang liegen nur wenige detaillierte Erkenntnisse über die Validität des AMT vor. Als erster Validitätsbeleg kann ein substanzieller Zusammenhang mit Tests zum induktiven und deduktiven Denken herangezogen werden.

Normen: 15 bis 77 Jahre

Anwendungsbereich: Der AMT wurde, wie der BOMAT, hauptsächlich zur Anwendung in der Personalpsychologie konstruiert. Es liegen internationale Normen für Personen im Alter zwischen 15 und 77 Jahren vor, allerdings ist deren Gültigkeit für Deutschland noch zu prüfen.

Dauer: Die Durchführungsdauer ist nicht genau zu beziffern, da sich die Anzahl der vorgegebenen Aufgaben nach der gewünschten Messgenauigkeit richtet. Laut den Autoren schwankt die Dauer daher zwischen 15 und 45 Minuten. Dazu kommen noch etwa 10 Minuten für die Instruktion.

Dauer: 15 bis 45 Minuten

Verfügbare Versionen: Es stehen vier unterschiedliche Testversionen zur Verfügung, die sich in ihrer Messgenauigkeit und der Schwierigkeit der Startaufgabe unterscheiden. Die erste Aufgabe kann natürlich nicht adaptiv auf den Testteilnehmer zugeschnitten sein, da er noch keine Aufgaben bearbeitet hat. Dennoch kann vorab je nach Klientel eine eher schwierige oder eher leichte Startaufgabe gewählt werden. Von der Verwendung der Testformen S1 und S4 ist in der Individual-Diagnostik aufgrund der geringen Messgenauigkeit abzuraten.

Vier verschiedene Computerversionen

Alternativ-Verfahren: Als Alternative kommen prinzipiell alle Vertreter aus der Gruppe der Matrizentests in Frage, also Standard Progressive Matrices (SPM), Advanced Progressive Matrices (APM), der Bochumer Matrizentest (BOMAT), sowie auch die Grundintelligenztest Skala 2 – Revision (CFT 20-R). Während der AMT durch die adaptive Gestaltung zur Testung von unterschiedlich intelligenten Personengruppen geeignet ist, muss bei den hier aufgeführten alternativen Verfahren darauf geachtet werden, dass diese je nach Klientel nicht zu leicht oder zu schwer sind. Darüber hinaus wird die Testdauer in der Regel deutlich über der des adaptiven Verfahrens liegen.

Alternativen: SPM, APM, BOMAT, CFT 20-R

Bezug über: Schuhfried (www.schuhfried.at)

Intelligenzstrukturtest 2000 R (I-S-T 2000 R)

Liepmann, D., Beauducel, A., Brocke, B. & Amthauer, R. (2007). 2., erweiterte und überarbeitete Auflage. Göttingen: Hogrefe.

Das Verfahren: Der I-S-T 2000 R beansprucht die Messung von verbaler, numerischer und figuraler Intelligenz, Merkfähigkeit und Schlussfolgerndem Denken. Der Wert für Schlussfolgerndes Denken ergibt sich dabei aus verbaler, numerischer und figuraler Intelligenz. Zusätzlich kann mit einem Erweiterungsmodul verbales, numerisches und figurales Wissen erfasst werden. Darüber hinaus lassen sich aus den genannten Werten die Kennwerte fluide Intelligenz und kristalline Intelligenz berechnen.

Messung von Intelligenzkomponenten

Im nachfolgenden Kasten sind die einzelnen Aufgabengruppen des I-S-T 2000 R kurz skizziert. Darüber hinaus stehen Aufgaben zur Merkfähigkeit (Worte und Figurenpaare merken) sowie Wissensaufgaben zur Verfügung.

Verbale Intelligenz

Satzergänzen (Verbale Intelligenz)

Aufgabe ist es, unvollständige Sätze zu vervollständigen

Ein Kaninchen hat am meisten Ähnlichkeit mit einem (einer) …?
a) Katze b) Eichhörnchen c) Hasen d) Fuchs e) Igel

Analogien (Verbale Intelligenz)

Die Beziehung zwischen den ersten beiden Worten soll erkannt und das zweite Wortpaar ergänzt werden.

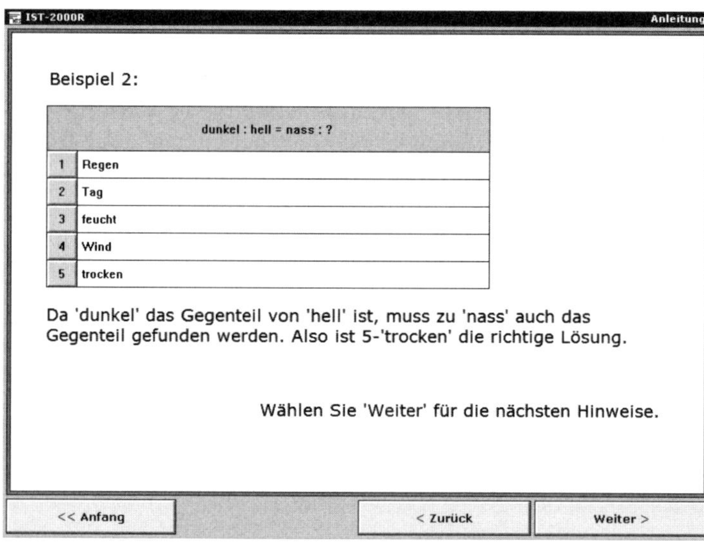

(Screenshot aus dem Hogrefe TestSystem)

Gemeinsamkeiten

Es sollen die beiden Worte aus der Wortliste gefunden werden, die einen gemeinsamen Oberbegriff haben.

a) Gras b) Roggen c) Kuchen d) Mehl e) Weizen f) Baum

Numerische Intelligenz

Rechenaufgaben

Grundrechenarten sollen angewandt werden.

$15 + 17 = ?$

Zahlenreihen

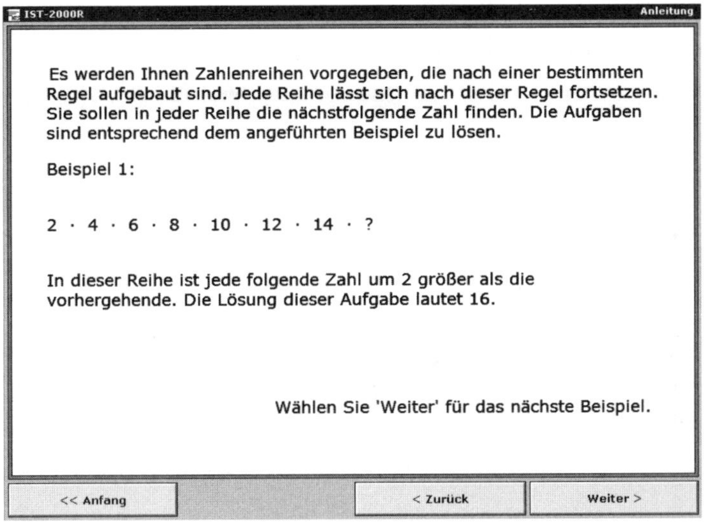

(Screenshot aus dem Hogrefe TestSystem)

Rechenzeichen

Gleichungen sollen durch Einsetzen von Rechenzeichen vervollständigt werden.

7 ? 2 ? 4 = 10

Figurale Intelligenz

Figurenauswahl

Es soll erkannt werden, welche der zur Auswahl stehenden Figuren erstellt werden kann, wenn man die zerschnittene Figur zusammen legt.

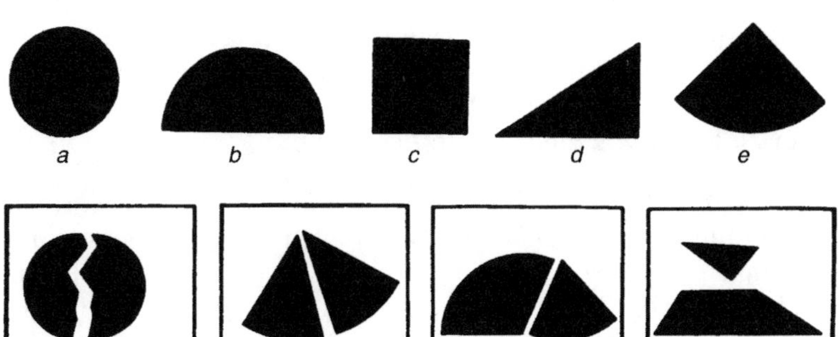

Würfelaufgaben

Aufgabe ist es, zu entscheiden, welcher der zur Auswahl stehenden Würfel mit dem Zielwürfel identisch ist.

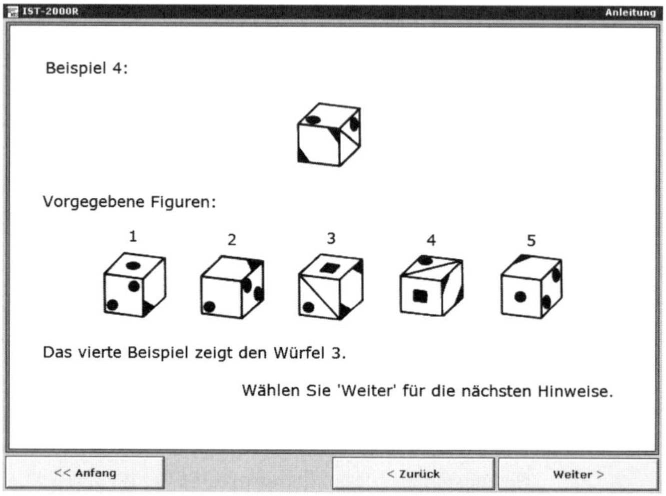

(Screenshot aus dem Hogrefe TestSystem)

Matrizen

Die Matrix soll sinnvoll durch eines der Symbole ergänzt werden.

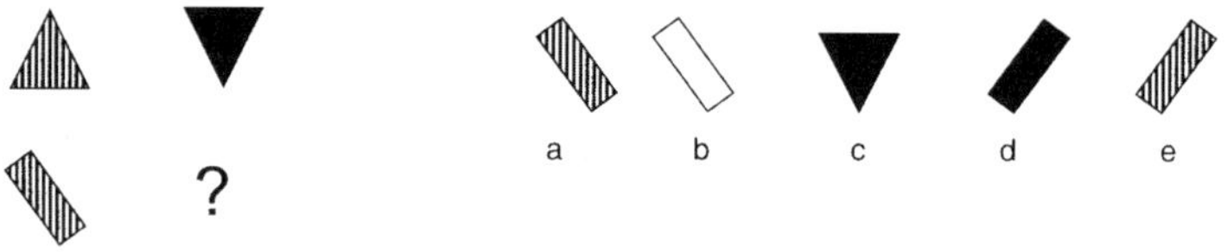

(aus: Amthauer, R., Brocke, B., Liepmann, D. & Beauducel, A. (2001). Intelligenz-Struktur-Test 2000-R (IST-2000-R). Göttingen: Hogrefe.)

Messgenauigkeit: Die Gesamtwerte im Schlussfolgernden Denken und Wissen weisen eine gute Messgenauigkeit auf, selbiges gilt für die aus den Ergebnissen jeweils dreier Untertests gebildeten Kennwerte verbale, numerische und figurale Intelligenz. Erwartungsgemäß sind die Messgenauigkeitsschätzungen für einzelne Untertests deutlich niedriger. Die Autoren raten hier zu Recht von einer Interpretation ab.

Validität: Zur Prüfung der Validität des I-S-T 2000 R wurden Korrelationen mit anderen Intelligenztests und mit Schulnoten berechnet. Das Schlussfolgernde Denken korreliert erwartungskonform moderat mit zwei Matrizentests, während für das Erweiterungsmodul hohe Korrelationen mit anderen Wissenstests gefunden wurden. Damit liegen Hinweise für die Konstruktvalidität vor; Belege für die Prognosegüte im eignungsdiagnostischen Bereich stehen noch aus.

Anwendungsbereich: Der I-S-T 2000 R ist prinzipiell einsetzbar im mittleren Intelligenzbereich. Für eine Untersuchung hoch intelligenter Personengruppen sind manche Aufgabengruppen etwas zu leicht. Es liegen Normen für den Altersbereich zwischen 15 und 60 Jahren vor, die getrennt angegeben werden für Abiturienten und Nicht-Abiturienten.

Normen: 15 bis 60 Jahre

Dauer: Die Testdauer liegt für das Grundmodul inklusive einer Pause von 10 Minuten bei ca. 1 Stunde 45 Minuten. Führt man zusätzlich die Merkfähigkeitstests durch, müssen etwa 15 Minuten mehr eingeplant werden. Die Durchführung des Erweiterungsmoduls – also der Wissenstests – erfordert knapp 40 Minuten.

Dauer: 1 Stunde und 45 Minuten (Grundmodul)

Verfügbare Versionen: Die Aufgabengruppen des Grundmoduls liegen in drei Formen vor: Form A und B unterscheiden sich nur in der Reihenfolge der Aufgaben, Form C stellt eine echte Parallelform dar. Gruppentestungen und auch Verlaufsuntersuchungen sind also möglich. Darüber hinaus ist eine Computer-Version verfügbar.

Papier-und-Bleistift- + Computerversion

Alternativ-Verfahren: Als Alternative kommen zunächst alle hier beschriebenen Intelligenzstrukturtests in Frage. Möchte man die Testdauer etwas reduzieren, kann man statt des I-S-T 2000 R die Intelligenz-Struktur-Batterie (INSBAT) verwenden. Allerdings ist diese nur am Computer durchzuführen. Überdies stehen umfangreiche Untersuchungen zur Prognosegüte in der Eignungsdiagnostik noch aus. Möchte man statt der breiten „Allgemein“-Wissenstests berufsspezifische Wissensbereiche abprüfen, kann der Wilde Intelligenztest 2 (WIT-2) als Alternative in Betracht gezogen werden. Ähnliches gilt, wenn man statt der unmittelbaren Merkfähigkeit im I-S-T 2000 R die Merkfähigkeit über ein kurzes Zeitintervall erfassen möchte; dies leistet der WIT-2. Ein weiterer, umfangreicher Intelligenzstrukturtest ist der Berliner Intelligenzstrukturtest (BIS), der jedoch auf einem anderen Intelligenz-Modell beruht.

Alternativen: INSBAT, WIT-2, BIS

Bezug über: Hogrefe (www.testzentrale.de)

Wilde Intelligenztest 2 (WIT-2)

Kersting, M., Althoff, K. & Jäger, A. O. (2008). Göttingen: Hogrefe.

Das Verfahren: Der WIT-2 erfasst sprachliches Denken, rechnerisches Denken und räumliches (figurales) Denken (mit je zwei Untertests) sowie Schlussfolgerndes Denken (drei Untertests). Darüber hinaus kann auch die Merkfähigkeit der Teilnehmer getestet werden. Zusätzlich stehen Untertests zur Prüfung der Arbeitseffizienz und zwei berufsspezifische Wissenstests (Wissen IT und Wissen Wirtschaft) zur Verfügung.

Messung von Intelligenzkomponenten

Sprachliches Denken

Gleiche Wortbedeutungen

Zu einem vorgegebenen Wort soll aus fünf Alternativen eines gefunden werden, das die gleiche Bedeutung hat.

Kopf

a) Haar   b) Haupt   c) Körper   d) Mensch   e) Hut

Analogien

Die Beziehung zwischen den ersten beiden Worten soll erkannt und das zweite Wortpaar ergänzt werden.

schwimmen : Wasser = fliegen : ?

a) Wolke   b) Luft   c) Flugzeug   d) Ballon   e) Höhe

Rechnerisches Denken

Grundrechnen

Grundrechenarten sollen angewandt werden.

53 + 44 = ?

Eingekleidete Rechenaufgaben

Textrechenaufgaben sollen gelöst werden.

Aus Zinseinkünften erhält eine Kontoinhaberin monatlich 30 Euro. Wie viele Euro bekommt sie dann in 7 Monaten?

Zahlenreihen

Aufgabe ist es, Zahlenreihen auf Grundlage erkannter Regelmäßigkeiten zu ergänzen.

5 10 9 18 17 9 34 ?

Räumliches Denken

Abwicklungen

Es soll erkannt werden, welcher der fünf Körper rechts sich aus der Faltvorlage links bilden lässt.

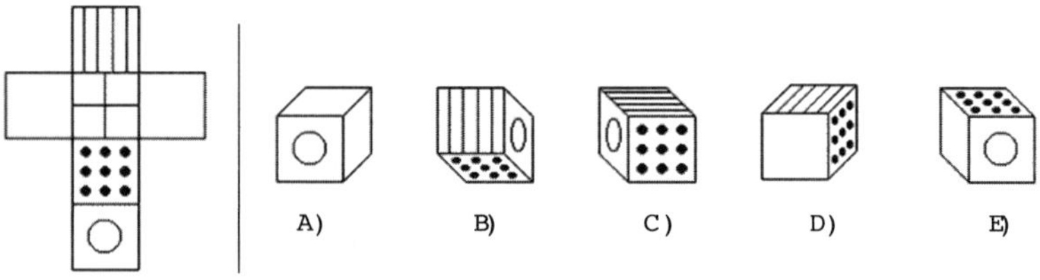

Spiegelbilder

Aufgabe ist es, aus fünf Symbolen eines herauszufinden, das sich nicht durch Verschieben oder Drehen, sondern nur durch Spiegeln in die anderen vier Symbole überführen lässt.

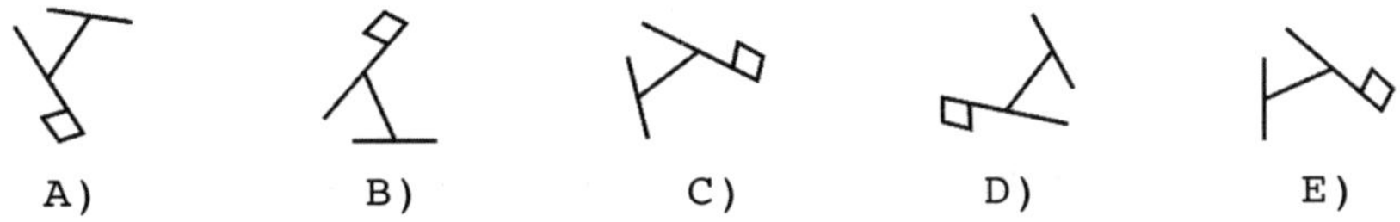

(aus Kersting, M., Althoff, K. & Jäger, A. O. (2008). Wilde Intelligenztest 2 (WIT-2). Göttingen: Hogrefe.)

Messgenauigkeit: Die Messgenauigkeit des WIT-2 kann aufgrund der im Testhandbuch berichteten Koeffizienten als gegeben angesehen werden.

Validität: Neben den Validitätsbefunden des „alten" WIT liegen für den WIT-2 weitere Belege für dessen Validität vor. Es wurde eine umfangreiche Validierung anhand anderer Intelligenztests vorgenommen. Darüber hinaus konnten gute Prognosen beruflicher Ausbildungskriterien durch den WIT-2 vorgenommen werden.

Normen: 14 bis über 28 Jahre

Anwendungsbereich: Der WIT-2 beansprucht, ein Test „von Praktikern für Praktiker zu sein". Sein Anwendungsbereich ist hauptsächlich die Eignungsdiagnostik. Es liegen nach Alter und Bildung differenzierte Normen vor, die allerdings alle Personen über 28 Jahren in die gleiche Altersgruppe einsortieren.

Dauer: 35 Minuten (Schlussfolgerndes Denken)

Dauer: Zur Erfassung des Schlussfolgernden Denkens als Modul benötigt man inklusive der Instruktion 35 Minuten. Möchte man sprachliches, rechnerisches und figurales Denken erfassen, dauert dies etwa 60 Minuten. Da dabei die meisten Untertests für das Modul Schlussfolgerndes Denken bereits mit durchgeführt werden, sind nur weitere ca. 15 Minuten notwendig, um auch diesen Kennwert ermitteln zu können. Die Durchführung aller Module inklusive der Wissenstests, der Merkfähigkeit und der Arbeitseffizienz beansprucht ca. 150 Minuten.

Papier-und-Bleistift- + Computerversion

Verfügbare Versionen: Es existiert eine Papier-und-Bleistift-Version des WIT-2 mit zwei verschiedenen Testformen, die sich in der Reihenfolge der Aufgaben unterscheiden. Daher kann der WIT-2 in Gruppentestungen eingesetzt werden. Zusätzlich ist eine Computerversion verfügbar.

Alternativen: INSBAT, I-S-T 2000 R, BIS

Alternativ-Verfahren: Das wesentliche Alternativ-Verfahren zum gesamten WIT-2 ist sicherlich der I-S-T 2000 R. Wird eine breite Erfassung des Allgemeinwissens angestrebt (anstatt der berufsspezifischen Wissenskomponenten) kann man auf den I-S-T 2000 R oder auch nur dessen Zusatzmodul zurückgreifen. Weniger gut evaluiert als der WIT-2, dafür aber als teilweise adaptive Version verfügbar, ist die INSBAT. Ein weiterer, umfangreicher Intelligenzstrukturtest existiert mit dem Berliner Intelligenzstrukturtest (BIS), der jedoch auf einem anderen Intelligenz-Modell beruht.

Bezug über: Hogrefe (www.testzentrale.de)

Arbeitsprobe zur berufsbezogenen Intelligenz – Büro- und kaufmännische Tätigkeiten (AZUBI-BK)

Schuler, H. & Klingner, Y. (2005). Göttingen: Hogrefe.

Messung von berufsbezogener Intelligenz

Das Verfahren: Die Autoren beanspruchen mit dem AZUBI-BK die Messung berufsbezogener Intelligenz. Genauer ausgeführt bedeutet das, dass inhaltlich klassische Intelligenzkomponenten anhand von arbeitsprobenartig gestalteten Aufgaben erfasst werden. Dieser Test verbindet damit die zwei Verfahrensgruppen, die sich als sehr gut zur Prognose von beruflichem und Ausbildungs-Erfolg erwiesen haben: Intelligenztests und Arbeitsproben.

Sprachliche Fähigkeiten
Protokoll überarbeiten Aus vier Worten soll eines gefunden werden, das dieselbe Bedeutung wie ein in einem Satz eingebettetes Wort hat. *„Im Wettkampf mit anderen Unternehmen der Branche …“* *a) Konkurrenz   b) Wettbewerb   c) Sieg   d) Rivalität* *Informationsschreiben korrigieren* In einem Text enthaltene Rechtschreibfehler sollen gefunden werden. *Die „Grundlagen der Buchführung“, sollten allen mitarbeitern bekant sein.*
Rechnerische Fähigkeiten
Logistikfragen bearbeiten Aufgabe ist es, in einen Tetxt eingebundene Rechenaufgaben zu lösen *Es wurden drei LKW für insgesamt 625 € betankt: der erste LKW für 215 € und der zweite für 230 €. Für wie viel Euro wurde der dritte LKW betankt?* *a) 125 €   b) 155 €   c) 140 €   d) 170 €   e) 180 €*

Verkaufszahlen prognostizieren

Es werden Zahlenreihen vorgegeben. Entsprechend der zugrunde liegenden Regel soll die fehlende Zahl (zukünftige Verkaufszahl) ergänzt werden.

Bilanzwerte vergleichen

Bilanzzahlen aus zwei Geschäftsjahren sollen verglichen werden. Differenzen von mehr als 20 sind zu markieren.

Merkfähigkeit

Telefonische Mitteilungen

Aus einem schriftlichen Text sollen kurzfristig Details gemerkt werden.

Telefon- und Zimmernummern merken

Namen, Telefonnummern und Zimmernummern sind kurzzeitig zu merken.

Erinnerungen

Hier wird geprüft, inwiefern die Informationen aus den vorherigen Merkaufgaben noch erinnert werden.

Bearbeitungsgeschwindigkeit

Fax vervollständigen

Fehlende Buchstaben unter Zeitdruck ergänzen.

E-Mails sortieren

E-Mails sollen aufgrund von Absender, Betreff und Datum in Ordner unter Zeitdruck sortiert werden.

Adressen prüfen

Originaladressen und Abschriften sind möglichst schnell zu prüfen.

Porto berechnen

Anhand von Tariftabellen soll möglichst schnell das Porto für Postsendungen berechnet werden.

(aus: Schuler, H. & Klingner, Y. (2005). Arbeitsprobe zur berufsbezogenen Intelligenz – Büro- und kaufmännische Tätigkeiten (AZUBI-BK). Göttingen: Hogrefe.)

Messgenauigkeit: Die im Testhandbuch berichteten Kennwerte für die Messgenauigkeit des AZUBI-BK sprechen für eine hohe Messgenauigkeit des Tests.

Validität: Die Validität wird unter anderem anhand von Korrelationen mit anderen Intelligenztests sowie Schulnoten und Abschlussnoten von IHK-Prüfungen geprüft und bestätigt.

Normen: 14 bis 25 Jahre

Anwendungsbereich: Der AZUBI-BK ist explizit für die Personalauswahl für kaufmännische Tätigkeiten bzw. Büroberufe (z. B. Kaufleute für Bürokommunikation) entwickelt worden. Es stehen Normen für Wirtschafts- und Realschüler, Berufsschüler, Wirtschaftsgymnasiasten und Gymnasiasten zur Verfügung. Die im Manual angegebenen Studien wurden mit Teilnehmern zwischen 14 und 25 Jahren durchgeführt, daher ist dies der Altersbereich, in dem der AZUBI-BK angewendet werden kann.

Dauer: 65 Minuten (Grundmodul)

Dauer: Ohne das Zusatzmodul beträgt die Durchführungsdauer etwa 65 Minuten, das Postmodul – hier sollen die Teilnehmer Faxe vervollständigen, E-Mails sortieren, Adressen prüfen und Porto berechnen – dauert nochmals 27 Minuten. Es besteht darüber hinaus die Möglichkeit, nur einige der Aufgabengruppen zu verwenden (Kurzversion). Die Dauer dieser Version ist mit 30 Minuten angegeben.

Papier-und-Bleistift-Version

Verfügbare Versionen: Der AZUBI-BK ist nur als Papier-und-Bleistift-Version verfügbar und kann in Einzel- oder Gruppentestungen durchgeführt werden.

Alternativen: keine

Alternativ-Verfahren: Unter inhaltlichen Gesichtspunkten stehen verschiedenen Intelligenzstrukturtests als Alternativen zur Verfügung. Die arbeitsprobenartige Gestaltung des Aufgabenmaterials unterscheidet den AZUBI-BK aber deutlich von anderen Verfahren. Eine ähnliche Gestaltung findet sich nur im AZUBI-TH, der aber explizit für einen anderen Anwendungsbereich konzipiert wurde.

Bezug über: Hogrefe (www.testzentrale.de)

Arbeitsprobe zur berufsbezogenen Intelligenz: Technische und handwerkliche Tätigkeiten (AZUBI-TH)

Görlich, Y. & Schuler, H. (2007). Göttingen: Hogrefe.

Messung von berufsbezogener Intelligenz

Das Verfahren: Der AZUBI-TH wurde mit dem Ziel konstruiert, berufsbezogene Intelligenz zu messen. Der Berufsbezug zu handwerklichen und technischen Berufen wurde durch die arbeitsprobenartige Gestaltung der Aufgaben hergestellt. Inhaltlich sollen die Aufgaben zentrale Intelligenzkomponenten, vor allem die Verarbeitungskapazität, erfassen.

Räumliches Vorstellungsvermögen

Bleche fertigen

Biegestellen in Schablonen sollen ausgewählt werden, sodass sich das abgebildete Blech ergibt.

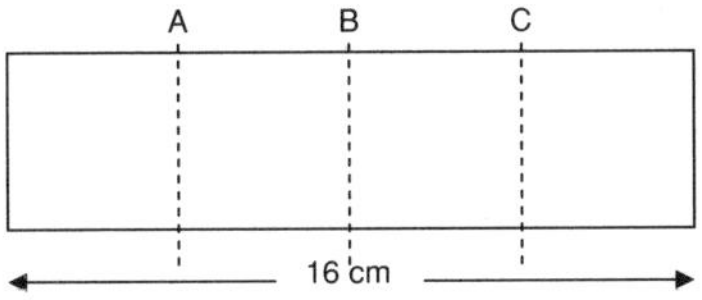

Holzteile sortieren

Holzteile, die nicht zu den übrigen passen, sollen erkannt werden.

A B C D E

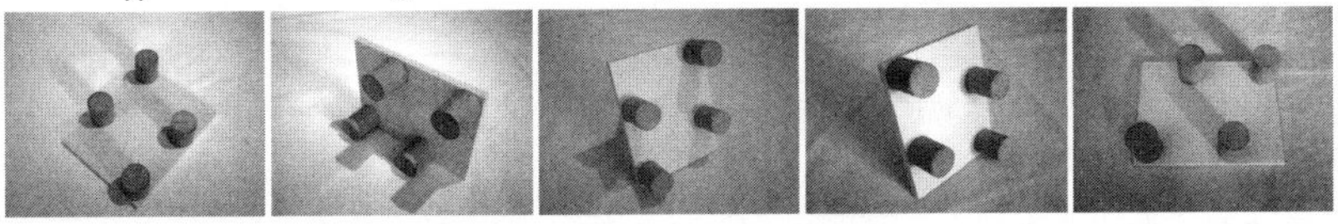

Rechnerische Fähigkeiten

Grundrisse berechnen

Aus vorgegebenen Grundrissen sollen bestimmte Daten errechnet werden (z. B. Quadratmeterzahlen, Liter Wandfarbe).

Beispiel 2: Im Wohnzimmer soll Teppichboden verlegt werden. Wie viel m^2 Teppichboden wird benötigt?

a) 28 m^2 b) 36 m^2 c) 45 m^2 d) 48 m^2 e) Keine der Antworten ist richtig

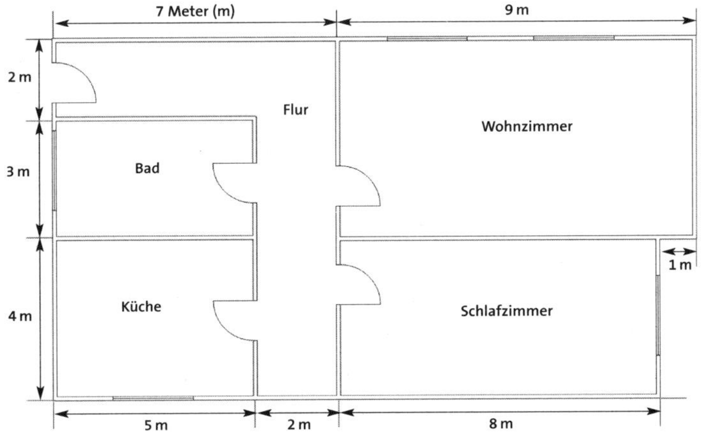

Technisches Verständnis

Technische Probleme lösen

Zu handwerklichen Geräten oder technischen Vorgängen werden Probleme geschildert, die zu lösen sind.

Beispiel 2: Welcher der skizzierten Kräne kann die größte Last tragen?

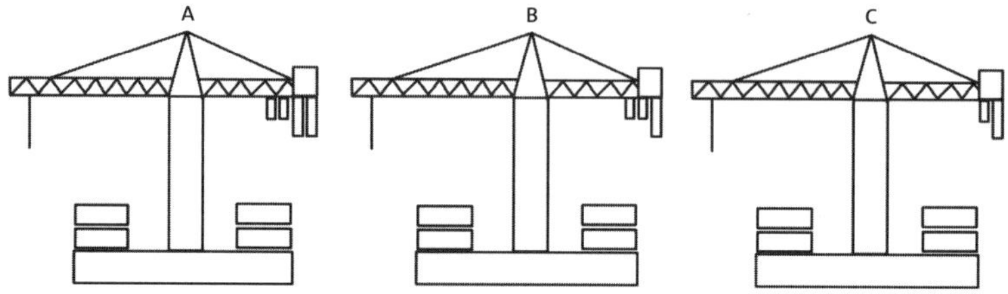

a) Kran A
b) Kran B
c) Kran C
d) Keine der Antworten ist richtig

Rechtschreibkenntnisse

Bericht korrigieren

Rechtschreibfehler in einem Text sollen erkannt werden.

Wenn alle mitarbeiter, die Grundlagen des Arbeitsschutzes
☐ ☐ ☐ ☐ ☒ ☒ ☐ ☐ ☐ ☐ ☐ ☐ ☐

kenen können da durch Unfelle vermieden werden.
☒ ☒ ☐ ☐ ☐ ☒ ☐ ☐ ☒ ☐ ☐ ☐ ☐ ☐

(aus Görlich, Y. & Schuler, H. (2007). Arbeitsprobe zur berufsbezogenen Intelligenz: Technische und handwerkliche Tätigkeiten (AZUBI-TH). Göttingen: Hogrefe.)

Messgenauigkeit: Die von den Testautoren durchgeführten Untersuchungen zur Messgenauigkeit des AZUBI-TH ergaben gute Kennwerte.

Validität: Die Zusammenhänge des AZUBI-TH mit anderen Intelligenztests waren sehr hoch, was dafür spricht, dass mit dem hier vorgestellten Test ebenfalls eine Kernkomponente der allgemeinen Intelligenz erfasst wird. Weiterhin fanden die Testautoren überzeugende Zusammenhänge mit betrieblichen Beurteilungen, Berufsschulleistungen und IHK-Zwischenzeugnisnoten.

Normen: ab 7. Schulklasse

Anwendungsbereich: Der AZUBI-TH ist für die Personalauswahl in handwerklichen und technischen Berufen konzipiert und insbesondere für die Auswahl von Auszubildenden gedacht.

Dauer: Die Durchführungsdauer wird mit etwa 54 Minuten angegeben. Eine Kurzversion bzw. Empfehlungen der Autoren hinsichtlich der Vorgabe von nur einigen Aufgabengruppen liegen nicht vor.

Dauer: 54 Minuten

Verfügbare Versionen: Der AZUBI-TH ist nur als Papier-und-Bleistift-Version verfügbar und kann in Einzel- oder Gruppentestungen durchgeführt werden.

Papier-und-Bleistift-Version

Alternativ-Verfahren: Inhaltlich betrachtet können verschiedene Intelligenzstrukturtests als Alternativen vorgeschlagen werden. Die arbeitsprobenartige Gestaltung des Aufgabenmaterials unterscheidet den AZUBI-TH aber deutlich von anderen Verfahren. Eine ähnliche Gestaltung findet sich nur im AZUBI-BK, der aber explizit für einen anderen Anwendungsbereich konzipiert wurde.

Alternativen: keine

Bezug über: Hogrefe (www.testzentrale.de)

3.6.3 Spezielle Leistungstests

Die hier dargestellten speziellen Leistungstests werden unterteilt in Wissenstests sowie Lern- und Gedächtnistests. Zusätzlich wird eine sehr kontrovers diskutierte Gruppe von Testverfahren kurz erwähnt, nämlich die Gruppe der Tests zur Emotionalen Intelligenz.

Unterscheidung spezieller Leistungstests

1. Wissenstests bzw. Leistungstests, die weitgehend durch Vorwissen oder Erfahrung zu lösen sind.
   - Wissensmodul des IST-2000-R
   - Wissenstest Wirstschaft aus dem WIT-2
   - Wissenstest IT aus dem WIT-2
   - Mannheimer Test zur Erfassung des physikalisch-technischen Problemlösens (MTP)
   - Revidierter Allgemeiner Büroarbeitstest (ABAT-R)
   - Spezielle Fachkenntnistests
   - Tests zu praktischem oder implizitem Wissen (Tacit Knowledge)
2. Lern- und Gedächtnistests
   - Lern- und Gedächtnistest (LGT 3)
3. Tests zur Emotionalen Intelligenz

Wie bereits im Rahmen der Kurzvorstellung der Intelligenzstrukturbatterien deutlich wurde, beinhalten einige Intelligenztestbatterien auch spezi-

Intelligenztests beinhalten Wissensmodule

fische oder allgemeine Wissenstests. Hier sei auf den I-S-T 2000 R und den WIT-2 verwiesen. Beispiele für Wissensaufgaben aus dem IST-2000-R und dem WIT-2 sind in der folgenden Übersicht dargestellt. Solche Wissensmodule können auch unabhängig von den anderen Intelligenz-Untertests eingesetzt werden.

IST-2000-R

Verbal kodiertes Wissen

Eine fiktive Beispielaufgabe ist:

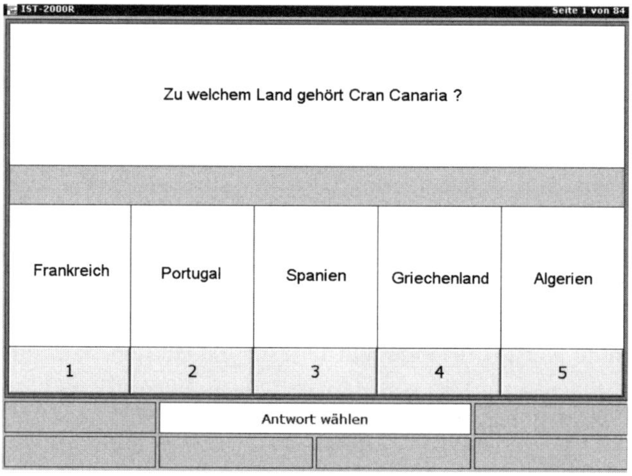

(Modifizierter Screenshot aus dem Hogrefe TestSystem)

Numerisch kodiertes Wissen

Eine fiktive Beispielaufgabe ist: *„Wie hoch ist die Richtgeschwindigkeit auf Autobahnen?“ a) 100 b) 110 c) 130 d) 150*

Figural kodiertes Wissen

Eine fiktive Beispielaufgabe ist:
„Welches Land ist auf der Europakarte markiert?“
a) Frankreich
b) Portugal
c) Rumänien
d) Spanien

WIT-2
Wissenstest Wirtschaft Eine fiktive Beispielaufgabe ist: *„Wie nennt man die Wareneinfuhr in das eigene Land?“* *a) Binnenhandel b) Import c) Zoll d) Inlandsprodukt*
Wissenstest IT Eine fiktive Beispielaufgabe ist: *„Mit welchem Fachbegriff bezeichnet man das Absuchen des Internets durch Suchmaschinen?“* *a) Crawlen b) Defragmentieren c) Uploaden d) Bookmarking*

Darüber hinaus können zwei verschiedene Typen von berufsspezifischen Wissenstests unterschieden werden: Fachkenntnistests und Tests zu praktischem oder implizitem Wissen (Tacit Knowledge) (siehe auch Schuler, 2006).

Fachkenntnistests fragen das für einen bestimmten Kontext relevante Wissen ab. Sie sollten daher speziell für die jeweilige Arbeitstätigkeit konstruiert werden. Ihr Einsatz ist nur bei der Beurteilung von Personen sinnvoll, die bereits in gewissem Umfang über das jeweilige Fachwissen verfügen können, also z. B. bereits eine Fachausbildung oder einschlägige Berufserfahrung haben. Für die Beurteilung von Bewerbern für eine Ausbildung sind allenfalls sehr einfache, nicht deutlich über das Alltags- oder Schulwissen hinausgehende Fachwissenstests sinnvoll.

In Tests zum praktischen oder impliziten Wissen[5], so genannte *Tacit Knowledge Tests*, werden konkrete Situationen geschildert oder dargestellt und der Testteilnehmer soll angeben, was das seiner Meinung nach richtige Verhalten wäre. Häufig wird diese Testform auch als *Situational Judgement Test* bezeichnet. Die Annahme hinter diesem Testprinzip ist, dass Personen implizites Wissen darüber besitzen, welches Verhalten in einer bestimmten Situation angemessen ist (also wie z. B. eine bestimmte Tätigkeit zu verrichten ist).

An dieser Stelle soll auch auf Tests eingegangen werden, die weder explizites Wissen abfragen, noch bestimmtes Verhalten in konkreten Situationen, aber dennoch Aufgaben beinhalten, die ausschließlich durch einschlägige Erfahrungen oder Vorwissen zu lösen sind. Es gibt einige spezielle Leistungstests, die nach diesem Prinzip aufgebaut sind (z. B. Tests zum physi-

5 Unter implizitem Wissen versteht man Wissen, das man besitzt und anwenden kann, um eine Tätigkeit zu verrichten, das man aber nicht explizit verbalisieren kann. In diesem Zusammenhang wird häufig auch der irreführende Begriff der praktischen Intelligenz verwendet. Beispiel: Ein Arbeiter kann ein Werkstück perfekt anfertigen, die einzelnen Handgriffe und Teilschritte sind ihm aber nicht bewusst.

kalisch-technischen Verständnis). Es ist leicht zu erkennen, dass man solche Aufgaben ohne physikalische Kenntnisse kaum lösen kann. Das heißt, im Gegensatz zu Aufgaben, die schlussfolgerndes Denken verlangen, sind hier nicht alle notwendigen Informationen in der Aufgabe enthalten, sondern müssen vom Testteilnehmer im Vorfeld erworben worden sein. An dieser Stelle seien exemplarisch zwei Tests vorgestellt, deren Anwendungsbereich die Eignungsdiagnostik ist.

Mannheimer Test zur Erfassung des physikalisch-technischen Problemlösens (MTP)

Conrad, C., Baumann, E. & Mohr, V. (1980). Göttingen: Hogrefe.

Physikalisch-technische Problemlöse-Kompetenz

Das Verfahren: Wie der Name des MTP bereits verrät, zielt dieser Test auf die Erfassung des physikalisch-technischen Problemlösens ab. Dazu werden Aufgaben verwendet, die nur bei ausreichendem physikalisch-technischen Verständnis gelöst werden können.

Aufgabe X

Welche beiden Zahnräder drehen sich in der gleichen Richtung wie das Zahnrad x?

A: G und K
B: G und J
C: H und K
D: H und J
E: keine von diesen

Der richtige Lösungsbuchstabe ist A.

Deshalb wurde auf dem Antwortbogen der richtige Lösungsbuchstabe A bereits markiert.

Bitte umblättern!

Abbildung 19:
Beispiel-Aufgabe aus dem MTP
(aus: Conrad, W., Baumann, E. & Mohr, V. (1980). Mannheimer Test zur Erfassung des physikalisch-technischen Problemlösens (MTP). Göttingen: Hogrefe.)

Messgenauigkeit: Die von den Testautoren für verschiedene Studienfachrichtungen berichteten Kennwerte für die Messgenauigkeit des Tests können also gut bewertet werden.

Validität: Der MTP zeigt Zusammenhänge in der zu erwartenden Höhe mit anderen Tests zum (physikalisch-)technischen Verständnis sowie mit der Physik-Schulnote.

Anwendungsbereich: Der Test ist konstruiert worden zum Einsatz im Bereich der Schul- und Berufseignungdiagnostik. Es stehen Normen für verschiedene Berufsrichtungen zur Verfügung.

Normen: verschiedene Berufsrichtungen

Dauer: Die Dauer des Tests ist mit ca. einer halben Stunde angegeben.

Dauer: ca. 30 Minuten

Verfügbare Versionen: Es steht die hier beschriebene Papierversion in den Parallelformen A und B sowie eine Computerversion zur Verfügung.

Papier-und-Bleistift- + Computerversion

Alternativ-Verfahren: Ähnliche – wenn auch noch ältere – Testverfahren stehen z. B. in Form des Tests zur Untersuchung des praktisch-technischen Verständnisses (Amthauer, 1972) zur Verfügung.

Alternativen: Test zu praktisch-technischem Verständnis

Bezug über: Hogrefe (www.testzentrale.de)

Revidierter Allgemeiner Büroarbeitstest (ABAT-R)

Lienert, G. A. & Schuler, H. (1994). Göttingen: Hogrefe.

Das Verfahren: Ziel ist die Erfassung von Fähigkeiten, die in Büroberufen erforderlich sind. Hierzu stehen sechs Untertests zur Verfügung, die folgende Aspekte prüfen: Kundenbriefe sortieren, Adressen-Prüfen, Summen-Prüfen, Rechtschreibung-Korrigieren, Textaufgaben-Lösen, Zeichen-Setzen. Der ABAT-R wurde in Anlehnung an den in den USA häufig eingesetzten „General Clerical Test" entwickelt.

Fähigkeiten, die bei Büroberufen nötig sind

Revidierter Allgemeiner Büroarbeitstest (ABAT-R)

Kundenbriefe-Sortieren

Eine Liste von Kundenbriefen soll in drei verschiedene Karteien geordnet werden. Für jede Kartei existiert eine Sortier-Systematik, die anhand von Tabellen abgelesen werden kann.

Adressen-Prüfen

Originaladressen und Abschriften sollen verglichen und die Fehler gezählt werden.

Summen-Prüfen

Die Richtigkeit von Additionen ist zu überprüfen.

Rechtschreibung-Korrigieren

Einzelne Worte sind auf richtige Schreibweise zu prüfen.

Textaufgaben-Lösen

Eingekleidete Rechenaufgaben sollen gelöst werden.

Zeichen-Setzen

Einzelne Sätze enthalten Markierungen. Der Testteilnehmer soll entscheiden, ob an diesen Markierungen ein Komma zu setzen ist.

Messgenauigkeit: Die Messgenauigkeit der einzelnen Untertests kann als gerade ausreichend bezeichnet werden.

Validität: Es stehen umfangreiche Belege für die Validität des ABAT-R zur Verfügung. Diese umfassen z. B. Korrelationen mit anderen Verfahren zur Erfassung von Rechen- und Rechtschreibfähigkeiten. Darüber hinaus konnte der Zusammenhang zwischen dem ABAT-R und Noten in der Berufsschule sowie in der IHK-Abschlussprüfung bestätigt werden.

Normen: 14 bis 30 Jahre

Anwendungsbereich: Der ABAT-R dient zur Beratung von Schülern, zur Auswahl von Auszubildenden und Mitarbeitern für Bürotätigkeiten. Explizit erwähnen die Autoren Lehr- und Ausbildungsberufe im kaufmännischen Bereich (z. B. Groß- und Einzelhandel). Es stehen Normen für verschiedene Bewerbergruppen im Alter zwischen 14 und 30 Jahren zur Verfügung.

Dauer: ca. 45 Minuten

Dauer: Die Durchführungsdauer des Verfahrens beträgt ca. 45 Minuten, somit ist es im Rahmen einer Unterrichtsstunde durchführbar.

Papier-und-Bleistift

Verfügbare Versionen: Es liegen zwei parallele Versionen vor. Eine Gruppentestung mit dem ABAT-R ist daher möglich.

Alternativen: keine

Alternativ-Verfahren: Für den ABAT-R stehen nach Kenntnis der Autoren keine gleichwertigen Alternativen zur Verfügung.

Bezug über: Hogrefe (www.testzentrale.de)

Lern- und Gedächtnistest (LGT 3)

Bäumler, G. (1974). Göttingen: Hogrefe.

Etwas Gezeigtes merken

Anders als die gerade beschriebenen Tests, die nur durch Vorwissen oder Erfahrung zu lösen sind, erfassen Lern- und Gedächtnistests, wie gut sich ein Testteilnehmer etwas gerade Gezeigtes merken kann. Dazu wird Material verwendet, das den Teilnehmern unbekannt ist. So vermeidet man den bei diesen Tests unerwünschten Einfluss von Vorwissen. Die Fähigkeit, sich schnell und zuverlässig etwas Neues merken zu können, kann relevant sein in vielen Berufen.

Messung von mittelfristigem Behalten

Das Verfahren: Der LGT 3 beansprucht, mittelfristiges „Behalten" zu messen. Dazu sollen in sechs Aufgaben ein Weg im Stadtplan, türkische Vokabeln, Gegenstände auf Bildern, Telefonnummern, Details eines Bauberichts sowie Firmenzeichen eingeprägt und anschließend wiedergegeben werden.

Lern- und Gedächtnistest (LGT 3)
Weg im Stadtplan (PLAN) Ein in einem Stadtplan eingezeichneter Weg ist zu merken. *Türkische Vokabeln (TÜRK)* 20 deutsch-türkische Wortpaare sollen gelernt werden. *Gegenstände auf Bildern (GEG)* Anhand von 20 Abbildungen müssen Gegenstände gemerkt werden. *Telefonnummern (TEL)* 13 Telefonnummern sind auswendig zu lernen. *Details eines Bauberichts (BAU)* Die wichtigsten Daten eines Bauprojekts sollen gemerkt werden. *Firmenzeichen (ZEI)* Firmenzeichen werden zunächst mit Umrandung gezeigt. Danach soll der Testteilnehmer den ohne Umrandung dargebotenen Firmenzeichen die richtige Umrandung zuordnen.

Messgenauigkeit: Die Messgenauigkeit des gesamten Tests ist hoch, von einer Interpretation der einzelnen Untertestergebnisse sollte aufgrund der niedrigen Messgenauigkeit abgesehen werden.

Validität: Es konnten moderate Korrelationen mit Schulnoten, Berufsschulnoten und anderen Merkfähigkeitstests nachgewiesen werden.

Anwendungsbereich: Der Autor schlägt die Anwendung im Rahmen von eignungsdiagnostischen Untersuchungen vor. Allerdings stehen konkrete Belege für einen Nutzen des LGT 3 in diesem Kontext noch aus. Der LGT 3 ist bei Personen mit höherem Bildungsniveau im Alter von 16 bis 35 Jahren anwendbar.

Normen: 16 bis 35 Jahre

Dauer: Die Dauer des Verfahrens beträgt ca. 40 Minuten.

Dauer: ca. 40 Minuten

Verfügbare Versionen: Es liegen zwei parallele Versionen vor. Der LGT 3 kann somit als Gruppentest durchgeführt werden. Es steht keine Computerversion zur Verfügung.

Papier-und-Bleistift-Version

Alternativ-Verfahren: Einige Intelligenzstrukturtests wie der I-S-T 2000 R, der Berliner Intelligenstrukturtest (BIS) und der Wilde Intelligenztest 2 (WIT-2) beinhalten Untertests zur Merkfähigkeit. Im Merkfähigkeitstest des I-S-T 2000 R soll z. B. eine Wortliste gemerkt und nach kurzer Zeit wiedergegeben werden. Alltagsnahe Aufgaben zur Merkfähigkeit, in denen der

Alternativen: andere Merkfähigkeitstests

Teilnehmer sich beispielsweise die Haltestelle einer Busfahrt merken soll, findet man in der Intelligenzstrukturbatterie (INSBAT, Hornke et al., 2004) sowie in dem Verbalen Gedächtnistest (VERGED, Hornke & Etzel, 1999) oder dem AZUBI-BK (Schuler & Klingner, 2005). Von den hier erwähnten Tests sind der I-S-T 2000 R und der WIT-2 als Computerversion verfügbar.

Bezug über: Hogrefe (www.testzentrale.de)

Emotionale Intelligenz

Emotionale Intelligenz kann als komplexe Fähigkeit verstanden werden,
- Emotionen bei sich und anderen zu erkennen,
- das eigene Denken von Emotionen leiten zu lassen,
- Emotionen zu verstehen sowie
- Emotionen zu regulieren (Mayer, Salovey & Caruso, 2000).

Leistungstests zur Emotionalen Intelligenz

Empirische Belege deuten darauf hin, dass Emotionale Intelligenz ein eigenständiges, also von der allgemeinen Intelligenz abgrenzbares Konzept darstellt. Kontrovers diskutiert wird allerdings, ob es sich hierbei um eine Fähigkeit oder ein Persönlichkeitsmerkmal handelt. Erstere kann mithilfe von Leistungstests erfasst werden.

Tatsächlich erlebte Emotionen erkennen

Zur Erfassung der Emotionalen Intelligenz mit einem Leistungstest kann folgendes Vorgehen gewählt werden: Im Vorfeld der Testentwicklung werden Menschen gebeten, emotional bewegende Ereignisse aus dem Alltag zu protokollieren und ihr emotionales Befinden einzustufen. In dem daraus entwickelten Test werden den Testteilnehmern die Situationsbeschreibungen vorgelegt. Deren Aufgabe ist es, die Intensität der Emotionen, die die tatsächlich in den Situationen involvierten Menschen erlebt hatten, möglichst richtig einzuschätzen (Schmidt-Atzert, 2003).

Zusätzlicher Nutzen fraglich

Bislang gibt es nur wenige Untersuchungen zur Vorhersagekraft des hier geschilderten Testprinzips im beruflichen Kontext. Erste Erkenntnisse weisen jedoch darauf hin, dass ein zusätzlicher Einsatz zu Tests zur Allgemeinen Intelligenz und Gewissenhaftigkeit keinen Nutzen bringt (Amelang & Steinmeyer, 2006). Derzeit werden einige Forschungsbemühungen unternommen, die Relevanz der Emotionalen Intelligenz für bestimmte Berufsfelder (z. B. Kranken- und Altenpflege) zu prüfen.

3.7 Tests selbst konstruieren

Schrittweise Konstruktion eines Tests

Einen Test selbst zu konstruieren, von dem man behaupten kann, dass er den genannten Testgütekriterien entspricht, ist kein leichtes Unterfangen und erfordert nicht nur fundierte Kenntnisse zu dem Inhaltsbereich des Tests, sondern auch vertieftes Wissen zu testtheoretischen und methodischen

Aspekten. Es sind mehrere Schritte notwendig, bevor man einen selbst konstruierten Test guten Gewissens in einem Auswahlverfahren einsetzen kann. In der folgenden Übersicht sind die im Rahmen einer Testkonstruktion notwendigen Schritte aufgeführt. Psychologische Tests, die sorgfältig konstruiert wurden, haben all diese Schritte durchlaufen. Dies wird in der Regel im Testmanual dokumentiert.

Notwendige Schritte bei der Testkonstruktion

1. Anforderungsanalyse und Problemstellung
2. Planung und Literatursuche
3. Eingrenzung des Merkmals und Arbeitsdefinition
4. Erstellung eines Testentwurfs
5. Überprüfung des Testentwurfs
6. Analyse der einzelnen Items und ggf. Elimination von Items
7. Überprüfung der Testgütekriterien (falls ungenügend → Schritt 8, ansonsten Schritt 10)
8. Revision des Tests/Überarbeitung des Testentwurfs
9. Wiederholung der Schritte 5 bis 7
10. Eichung/Festlegung von Cut-off-Werten

(vgl. Bühner, 2006, S. 46)

Dieses Buch hat nicht den Anspruch, den Leser in die Lage zu versetzen, einen Test selbst zu konstruieren. Es soll lediglich verdeutlicht werden, dass ein für die Personalbeurteilung geeigneter Test nicht „mal eben so" konstruiert werden kann. Wenn Sie einen – etablierten oder eigens für Ihr Unternehmen entwickelten – Test erwerben, achten Sie stets darauf, dass die oben genannten Schritte bei der Konstruktion durchgeführt und im Testmanual dokumentiert wurden. Ist dies nicht der Fall, sollten Sie umso sorgfältiger die in Kaptiel 3.4 dargestellten Punkte zur Beurteilung der Qualität eines Tests beachten.

3.8 Der Einfluss von Vorerfahrung und „Testknackern" auf die Testleistung

Testteilnehmer können unter Umständen bereits Vorerfahrungen bezüglich des eingesetzten Testverfahrens haben: Entweder haben sie den gleichen Test schon einmal bearbeitet (z. B. im Rahmen einer eignungsdiagnostischen Untersuchung bei einem anderen Unternehmen) oder sich über den Test in sogenannten „Testknackern" informiert.

Testerfahrung bringt Vorteil

Eine neue Studie (Hausknecht et al., 2007) zeigt, dass eine wiederholte Durchführung von Leistungstests im Allgemeinen zu einem Leistungsanstieg führt. Teilnehmer profitieren davon, dass sie die Lösungen einzelner

Aufgaben erinnern oder eine optimierte Lösungsstrategie beim Bearbeiten der Tests verfolgen. Der Leistungsanstieg bei wiederholter Testdurchführung ist unter anderem dann besonders groß, wenn die Instruktionen komplex und lang sind (Powers, 1986). Daraus lässt sich die Empfehlung ableiten, dass Instruktionen möglichst verständlich sein sollten und nochmals durch Beispielaufgaben erläutert werden sollten. Idealerweise stehen den Bewerbern schon vor der Testung einige exemplarische Übungsaufgaben zur Verfügung – so kann der Vorteil einiger Teilnehmer aufgrund von Vorerfahrung möglicherweise egalisiert werden.

Vorbereitungskurse bringen kaum Vorteile

Spezielle Vorbereitungskurse, in denen Teilnehmer für bevorstehende Auswahlverfahren gecoacht werden, erwiesen sich in der bereits erwähnten Meta-Analyse als wenig wirksam. Einzig das direkte Einüben des im Auswahlverfahren verwendeten Tests scheint einen Vorteil zu bringen. Um dies tun zu können, müssten die Anbieter von Vorbereitungskursen genau wissen, welcher Test bei einem bestimmten Unternehmen durchgeführt wird. Dies ist meist nicht der Fall. Bekannt ist lediglich die Testgruppe (z.B. Intelligenztests), also das Testprinzip. Auch einschlägige Bücher, mithilfe derer man sich auf Auswahlverfahren vorbereiten kann, erläutern nur das Testprinzip und schlagen generelle Strategien vor.

Exemplarische Aufgaben zur Verfügung stellen

Fazit
Insgesamt kann man sagen, dass es aus verschiedenen Gründen sinnvoll ist, den Teilnehmern bereits im Vorfeld einer Testung exemplarisch einige Aufgaben zur Verfügung zu stellen. Nicht zuletzt kann so einigen Bewerbern die Angst vor der Leistungssituation ein wenig genommen werden, da transparent gemacht wird, was sie erwartet und sie sich darauf einstellen können (vgl. Bühner, 2006, S. 46).

4 Vorgehen

Beim Einsatz von Leistungstests sollten einige Aspekte beachtet werden; manche davon gelten generell für Personalauswahlverfahren, andere hingegen sind speziell für den Einsatz von Leistungstests relevant.

4.1 Klärung von Rechtsfragen

Formlose Einwilligung des Testteilnehmers

Der Einsatz eines Tests stellt stets einen Eingriff in das allgemeine Persönlichkeitsrecht der Bewerber dar. Da auch der Arbeitgeber ein berechtigtes Interesse daran hat, bestimmte Informationen über einen Bewerber zu erhalten, muss eine Güter- und Interessenabwägung stattfinden. Die Verwendung eines Tests ist rechtlich zulässig, wenn das zu messende Merkmal für den betroffenen Arbeitsplatz relevant ist und wenn der Bewerber seine Einwilligung zur Untersuchung gibt. Grundsätzlich muss die Verhältnismäßigkeit gewahrt bleiben; einfach alles zu messen, was interessant erscheint oder Tests einzusetzen, die sich in anderen Betrieben bewährt haben, wäre unangemessen. Durch ein anforderungsanalytisches Vorgehen wird sichergestellt, dass die Eignungsmerkmale erkannt und ausgewählt werden, die für einen bestimmten Arbeitsplatz relevant sind. Die Einwilligung des Bewerbers muss freiwillig erfolgen und ist an keine bestimmte Form gebunden, sie kann also mündlich oder schriftlich gegeben werden. Sie setzt voraus, dass der Bewerber zuvor über die Art des Tests sowie die Bedeutung der Ergebnisse aufgeklärt wurde.

Einbezug des Betriebsrats

Wenn die mithilfe eines Leistungstests beurteilten Arbeitnehmer keine leitenden Angestellten sind, muss vor der Implementierung von Leistungstests unter Umständen die Arbeitnehmervertretung mit einbezogen werden. Im Betriebsverfassungsgesetz steht, dass die Arbeitnehmervertretung allgemeinen Beurteilungsgrundsätzen, die der Arbeitgeber aufstellt, zustimmen muss. Eine Beurteilungsrichtlinie würde etwa vorliegen, wenn ein Arbeitgeber grundsätzlich erklärt, dass nur Bewerber mit einem Intelligenztest-Ergebnis über 100 eingestellt werden. Dieser Fall dürfte aber in der Praxis kaum vorkommen. Anders zu werten ist die Erstellung eines Anforderungsprofils. Wenn dabei z. B. festgestellt wird, dass für einen bestimmten Arbeitsplatz eine wenigstens durchschnittliche Intelligenz erforderlich ist, so stellt die Intelligenz keine Beurteilungsrichtlinie dar. Ein wissenschaftlich fundierter Leistungstest wird in der Rechtsprechung als Mess- und nicht als Beurteilungsinstrument gewertet. Ein Testergebnis stellt demnach keine Beurteilung dar, sondern ist als Tatsache zu bewerten. Anders verhält es sich bei Tests, denen kein Messcharakter zugeschrieben werden kann. Sie gelten als Beurteilungsverfahren und ihr Einsatz macht daher die Zustimmung der Arbeitnehmervertretung erforderlich. Projektive Verfahren fallen nach gegenwärtiger Rechtsprechung in diese Kategorie. Ausführliche Informationen zu Rechtsfragen beim Einsatz von Tests geben von Hoyningen-Huene und Püttner (1997) und Joussen (2004). Hier konnte nur der in diesen Werken skizzierte Stand der juristischen Bewertung des Testeinsatzes wiedergegeben werden.

4.2 Vorbereitung der Testdurchführung

Vor dem Einsatz eines Tests sind einige Aspekte zu bedenken, die im Folgenden aufgeführt sind.

1. Qualifizierung der Verantwortlichen für den Einsatz von Leistungstests

Der Einsatz von bestimmten Tests stellt Anforderungen an die Mitarbeiter, die mit Planung, Durchführung und Auswertung des Tests und evtl. auch der Rückmeldung der Ergebnisse betraut sind. In der DIN 33430 für berufsbezogene Eignungsbeurteilung sind diese zentralen Anforderungen formuliert.

Anforderungen nach DIN 33430 an die für den Testeinsatz verantwortlichen Mitarbeiter
Kenntnisse bezüglich – Verfahren der Eignungsbeurteilung – Statistisch-methodische Grundlagen – Zugrundeliegender Theorie, aufgrund derer von einem Testwert auf eine Eigenschaft geschlossen wird (Testtheorie) – Evaluationsmethodik einschließlich Kosten-Nutzen-Aspekten – Konstruktionsgrundlagen – Einsatzmöglichkeiten – Durchführungsbedingungen – Gütekriterien – Gutachtenerstellung

Kompetenzen zum Einsatz von Leistungstests

Diplom-Psychologen mit einer umfassenden Ausbildung in psychologischer Diagnostik bringen in der Regel die Kompetenzen mit, die erforderlich sind, um die Qualität von Testverfahren beurteilen zu können, deren angemessenen Einsatz sicherzustellen und die richtigen Schlussfolgerungen aus den Testergebnissen zu ziehen. Die auf den ersten Blick hoch erscheinenden Anforderungen an die Kompetenz der verantwortlichen Mitarbeiter spiegeln die weitreichenden Konsequenzen wieder, die mit unsachgemäßem Testeinsatz für die Beurteilten und auch für das Unternehmen verbunden sein können. Nicht-Psychologen und auch Psychologen, die ihr Fachwissen „aufpolieren" möchten, können im Rahmen von Intensivtrainings zur berufsbezogenen Eignungsbeurteilung nach DIN 33430 die erforderlichen Kompetenzen erwerben.

Leichte Durchführung

Die tatsächliche Durchführung ist von Personen, die mit den Verfahrenshinweisen und dem Testmaterial vertraut sind, leicht zu bewältigen. Die notwendige Standardisierung kann durch Ablesen vorformulierter Texte und Instruktionen im Testhandbuch gewährleistet werden. Die Durchführung von standardisierten Tests stellt somit weitaus geringere Anforderungen an die Durchführenden als dies z. B. bei Assessment-Centern oder Interviews der Fall wäre.

2. Planung des Testablaufs

Zunächst einmal muss der Ablauf aller eignungsdiagnostischen Verfahren, die im Rahmen eines Auswahlprozesses eingesetzt werden sollen, geplant werden. Soll ein bestehender Auswahlprozess lediglich durch einen oder mehrere Leistungstests ergänzt werden, muss entschieden werden, an welcher Stelle diese eingefügt werden. Da Leistungstests in aller Regel als Gruppentestung durchgeführt werden, ist keine individuelle Zeitplanung pro Teilnehmer, wie etwa bei einem Assessment-Center, notwendig.

Anhaltspunkte für die Planung des Testablaufs

Folgende Aspekte können als Anhaltspunkte bei der Planung des Testablaufs verwendet werden:
- Leistungstests sind anstrengend. Führen Sie diese daher zu Beginn eines Untersuchungstermins durch.
- Beachten Sie zur Planung die im Testmanual aufgeführte Durchführungsdauer.
- Wenn mehrere Leistungstests zum Einsatz kommen, planen Sie Pausen ein. Meist ist eine Pause nach 90 Minuten Testung angemessen. Auch weniger anstrengende Phasen des Auswahlprozesses (z. B. Informationen über das Unternehmen) können als „Auflockerung“ zwischen verschiedenen Leistungstests eingeplant werden.
- Beachten Sie auch die Hinweise zum Testablauf im Manual. Führen Sie den Test stets so durch, wie dort aufgeführt.
- Planen Sie die gesamte Dauer eines Untersuchungstermins so, dass es für die jeweilige Zielgruppe zumutbar ist. Berücksichtigten Sie dabei auch mögliche Belastungen durch die Anreise der Bewerber zum Testort.
- Wenn Sie einmal einen Testablauf festgelegt haben, sollte dieser innerhalb eines Auswahlzyklus für alle Bewerber konstant bleiben. Bewerber, die morgens als erstes einen Intelligenztest absolvieren, sind sonst im Vorteil gegenüber Bewerbern, die diesen Test erst am Ende eines anstrengenden Tages bearbeiten.

Diese Angaben sind auch noch einmal als herausnehmbare Checkliste im Umschlag dieses Buches enthalten.

Rahmenbedingungen gestalten

Natürlich werden auch organisatorische Rahmenbedingungen eine Rolle spielen. Vielleicht ist der Raum, in dem eine Gruppentestung mit 30 Bewerbern stattfinden soll, nicht immer zur selben Zeit verfügbar. Versuchen Sie dennoch – im Sinne einer fairen Personalauswahl – alle Bedingungen, unter denen die Testdurchführung stattfindet, möglichst konstant zu halten. Stellen Sie sich vor, Sie müssten eine wichtige Prüfung in einem heißen unklimatisierten Raum mit 50 anderen Prüflingen absolvieren, während Ihre Kollegen dieselbe Prüfung mit 5 anderen Prüflingen in einem klimatisierten Raum ablegen. Idealerweise finden alle Testdurchführungen bei möglichst geringen äußeren Beeinträchtigungen der Teilnehmer (z. B. durch Lärm oder Hitze) statt.

3. *Implementierung von computergestützten Tests in das EDV-System*

Testung per Internet

Computergestützte Tests haben viele Vorteile. Es stellt sich jedoch häufig die Frage, ob die Testsoftware in die „EDV-Landschaft" eines Unternehmens integriert werden kann. Da sich die Test-Software in den meisten Fällen nicht nachbearbeiten lässt, empfiehlt es sich, frühzeitig mit den verantwortlichen EDV-Mitarbeitern (ihres Unternehmens und des Testanbieters) in Kontakt zu treten und die Kompatibilität der Programme zu testen. Als Alternative bieten viele Testverlage mittlerweile auch Testungen über das Internet an. In diesem Fall ist keine lokale Installation notwenig, lediglich eine sichere Internetverbindung muss vorhanden sein.

4. *Einladung der Teilnehmer*

Neben der Bekanntgabe des Termins erfüllt das schriftliche Einladungsschreiben an die Testteilnehmer weitere Funktionen.

Funktionen der schriftlichen Einladung
Es soll gewährleisten, dass – alle Bewerber pünktlich erscheinen und genügend Zeit mitbringen, – die Bewerber über die Art der Tests, die Bedeutung der Testergebnisse im Auswahlverfahren sowie die Dauer der Testung informiert sind, – die eventuell als bedrohlich wahrgenommene Testsituation durch entsprechende Vorinformationen möglichst „entschärft" wird.

Um Letzteres zu erreichen, können im Einladungsschreiben Beispiel-Aufgaben, wie sie in den Tests vorkommen werden, abgebildet sein. Dazu empfiehlt es sich, einfache Aufgaben nach dem Vorbild der Übungsaufgaben zu konstruieren. Würde man die Übungsaufgaben selbst verwenden, könnte ein Bewerber mit „professioneller" Hilfe den Test identifizieren und sich gezielt darauf vorbereiten.

Sich als attraktiven Arbeitgeber präsentieren

Nach der Stellenanzeige stellt das Einladungsschreiben oftmals den ersten direkten Kontakt des Unternehmens mit einem Bewerber dar und bietet somit die Chance (und aufgrund immer geringerer Zahlen geeigneter Bewerber auch die Notwendigkeit), sich darin als attraktiven Arbeitgeber darzustellen. Diese Gelegenheit sollte genutzt werden, zumal „gute“ Bewerber häufig Stellenangebote von mehreren Arbeitgebern bekommen. Beispielsweise könnte dem Einladungsschreiben eine Broschüre beigelegt werden, in der sich das Unternehmen präsentiert. Es könnte auch ein Verweis auf eine entsprechende Webseite erfolgen. Wenn die Auswahlverfahren sorgfältig gewählt wurden und wissenschaftlich fundiert sind, spricht auch diese Tatsache für ein Unternehmen und kann durch entsprechende Hinweise „vermarktet“ werden.

5. Vorbereitung des Testmaterials

Bei computergestützten Tests werden zum einen ausreichend viele Computer benötigt. Zum anderen sind im Vorfeld Lizenzen für die gewünschte Anzahl an Testdurchführungen zu erwerben.

Notwendige Materialien

Werden die Tests im Papier-und-Bleistift-Format durchgeführt, benötigt man neben einem Testmanual auch vorgefertigte Testbögen, die die Teilnehmer bearbeiten. Bei Intelligenztests gibt es häufig jeweils ein Testheft, in dem die Aufgaben enthalten sind, und ein Antwortheft, in das die Teilnehmer ihre Lösungen eintragen. So können die Testhefte mehrfach verwendet werden. Allerdings zeigt die Erfahrung, dass Teilnehmer oft entgegen der Anweisung in ihre Testhefte schreiben. Da die Hefte bei der nächsten Testdurchführung unverändert weiterverwendet werden sollen, ist es erforderlich, alle Testhefte nach einer Testdurchführung zu kontrollieren. Vermeidbar wäre dies, wenn Testanbieter z. B. laminierte Testhefte anbieten würden.

Materialien zur Testdurchführung

Über einen Testanbieter zu bestellen:
- Testmanual (1 Exemplar für den Testleiter); i. d. R. ca. 50 bis 100 €
- Testhefte (Exemplare mindestens in der Anzahl, in der Personen gleichzeitig getestet werden sollen – einige „Reserve-Exemplare“ sollten vorrätig sein; bei Gruppentests jeweils die Hälfte der Exemplare in Paralleltest-Variante A und B bestellen); i. d. R. ca. 5 bis 35 € pro Exemplar
- Antwortbögen (1 Exemplar pro Teilnehmer); i. d. R. ca. 0,35 bis 1,40 € pro Exemplar
- Lösungsheft oder Lösungsschablone (mindestens 1 Exemplar für die Auswertung)
- Instruktionsheft für Testleiter (mindestens 1 Exemplar, falls nicht im Manual enthalten)

Zusätzlich benötigt man für die Teilnehmer:
- Stifte für jede Person (eventuell auch Ersatzstifte)
- Notizzettel (ausreichende Anzahl pro Teilnehmer, sofern laut Testmanual vorgesehen)

Testleiter benötigen außerdem:
- Material, um anfängliche Erläuterungen zu visualisieren (z. B. Erläuterungen zum Antwortformat oder dazu, wie man fälschlicherweise angekreuzte Kästchen kenntlich macht)
- Stoppuhr (bei Tests mit Zeitbegrenzung)
- Ablaufplan der gesamten Testung (inklusive Pausenregelung)
- Teilnehmerliste
- Hinweisschild, das außen am Testraum anzubringen ist, um Störungen zu vermeiden

4.3 Testdurchführung

Bei der Durchführung von Leistungstests liegt das Hauptaugenmerk darauf, einen möglichst störungsfreien, für alle Teilnehmer gleichen Testablauf zu gewährleisten.

1. Begrüßung und Hinweise an die Teilnehmer

Die Begrüßung und Klärung einiger wichtiger organisatorischer Aspekte kann unter anderem dazu genutzt werden, eine möglichst angenehme Atmosphäre herzustellen und so die Brisanz der Testsituation abzumildern. An dieser Stelle seien beispielhaft einige Inhalte aufgeführt, die im Rahmen einer Begrüßung erwähnt werden können; einige sind sicherlich für alle Verantwortlichen selbstverständlich, andere werden leicht übersehen und können zu erheblichen Störungen während einer Testung führen.

Begrüßung und organisatorische Hinweise

- Vorstellung des Testleiters
- Hinweis auf die Ziele der Untersuchung sowie den genauen Ablauf (inklusive der Pausenregelung) und deren Dauer
- Information über Identität, Qualifikation und Funktion der Personalverantwortlichen, die Einsicht in die Testergebnisse haben werden
- Hinweise zur Datenverarbeitung und -speicherung sowie zum Datenschutz
- Betonung der Freiwilligkeit der Teilnahme
- Klärung der Möglichkeit einer Rückmeldung
- Hinweis auf Beachtung der Instruktionen
- Hinweis darauf, wie mit Fragen der Testpersonen verfahren wird (Wann sind welche Fragen erlaubt?)
- Aufforderung, alle Handys auszuschalten

(übernommen und ergänzt aus Kersting et al., 2008)

Um eine Objektivität in der Durchführung zu gewährleisten, empfiehlt es sich, dass verschiedene Testleiter die Begrüßung und das Erläutern allgemeiner Hinweise möglichst einheitlich vornehmen. Am besten erstellt man einen Leitfaden, der von allen Testleitern benutzt wird.

Begrüßung der Teilnehmer

2. Testinstruktionen

Instruktionen wörtlich ablesen

Die Testinstruktionen sind unbedingt wörtlich aus dem Manual oder dem Instruktionsheft abzulesen. Dies trägt zur Gewährleistung der Objektivität in der Testdurchführung bei. Die Instruktionen sind von den Testautoren auf Verständlichkeit getestet und in zahlreichen Testdurchführungen erprobt worden. Abweichende Instruktionen können zu Verständnisschwierigkeiten führen. Bestandteil der meisten Testinstruktionen ist die Frage an die Teilnehmer, ob sie alles verstanden bzw. ob sie noch Fragen haben. Der Testleiter sollte sich vor der Testdurchführung mit den Instruktionen vertraut machen, um einen reibungslosen Testablauf zu gewährleisten.

3. Umgang mit Rückfragen

Vor Beginn eines Tests sollten die Teilnehmer die Möglichkeit haben, Verständnisfragen zu stellen. Diese sollten sich allerdings auf das Verständnis der Instruktion beschränken. Beantworten Sie keine Fragen, die darüber hinausgehen, z. B. zu Bearbeitungs- oder Lösungsstrategien. In der Regel sind die Übungsaufgaben leicht zu lösen und ausreichend, um das Aufgabenprinzip zu verstehen.

4. Vermeidung von Störungen

Störungen möglichst vermeiden

Wie bereits erwähnt, sollten Störungen so weit wie möglich vermieden werden. Die meisten Störungen entstehen durch die Teilnehmer selbst. Rückfragen der Teilnehmer während der Testbearbeitung sollten daher vermieden werden. In Ausnahmefällen können Teilnehmer sich melden und der Testleiter kommt dann zu ihrem Platz, um Verständnisfragen leise zu beantworten. Des Weiteren sollten Teilnehmer während der Testung nicht essen oder trinken, ihre Handys ausschalten und nicht außerhalb der Pausen zur Toilette gehen. Personen, die vorzeitig einen Untertest beendet haben, werden gebeten, still zu warten, bis die Testzeit vorüber ist. Dies ist bei computergestützter Testdurchführung nicht notwendig. Hier werden alle Instruktionen am Bildschirm dargeboten, der Test startet in der Regel nur dann, wenn eine oder mehrere Beispielaufgaben richtig gelöst wurden. Die Bearbeitungszeit beginnt individuell für jeden Teilnehmer, wenn dieser die erste Testaufgabe in Angriff nimmt.

Leichter zu kontrollieren sind Störungen, die nicht durch Teilnehmer verursacht werden. Häufig zieht man diese jedoch nicht in Erwägung, bis sie zum ersten Mal als Störung auffallen. Es sollte z. B. gewährleistet werden, dass in dem Testraum kein Telefon steht, das unvorhergesehen klingeln könnte, keine anderen Personen den Raum betreten (Hausmeister, Gebäudereinigung, etc.), keine Durchsagen über Lautsprecher gemacht werden und nicht plötzlich der an den Projektor angeschlossene Computer einen Bildschirmschoner zeigt. Letzteres gilt es auch bei computergestützter Testdurchführung zu beachten, ebenso wie das automatische Downloaden von Updates, verbunden mit einer Eingabeaufforderung.

5. Verabschiedung

Die Testdurchführung ist für die Bewerber in der Regel anstrengend. Bedanken Sie sich noch einmal bei ihnen für die Teilnahme und informieren Sie sie über den weiteren Ablauf des Verfahrens (falls nicht bereits zu Beginn der Testung geschehen). Es empfiehlt sich auch, alle Teilnehmer nochmals prüfen zu lassen, ob sie ihren Namen auf den Antwortbögen notiert haben. Achten Sie darauf, dass keine Materialien mitgenommen werden.

4.4 Auswertung

Die Auswertung von computergestützten Testverfahren erfolgt meist automatisch. Das Testergebnis steht unmittelbar nach der Testdurchführung zur Verfügung und kann an die Teilnehmer rückgemeldet werden. Auch ein Abgleich mit entsprechenden Normtabellen wird dabei vorgenommen. Gängige Testsysteme erlauben zudem einen Transfer der gesammelten Testdaten aller Bewerber in eine gemeinsame Datei.

Auswertung mit Schablonen

Die Auswertung der Antworthefte oder -bögen von Papier-und-Bleistift-Tests ist vergleichsweise aufwändig. Meist kann mit Hilfe von Schablonen ermittelt werden, welche Aufgaben ein Teilnehmer richtig oder falsch gelöst hat. Besteht ein Test aus mehreren Untertests, so werden die Untertestergebnisse miteinander verrechnet. Möchte man den Testwert eines Teilnehmers in einen Normwert umwandeln, muss dieser in der entsprechenden Normtabelle im Manual nachgeschlagen werden.

Beachte:

Generell ist es empfehlenswert, Maßnahmen zu ergreifen, um eine fehlerfreie Auswertung sicherzustellen (z. B. mehrere Personen mit der Auswertung beauftragen, Training). Als Alternative zu diesem Auswerteverfahren bieten Testverlage für einige Tests einen Fax-Auswerte-Service an. Hierbei wird der Antwortbogen eines Teilnehmers an den Testverlag geschickt und die Testauswertung wird daraufhin zurückgesandt.

Bei einer Testung von vielen Personen mittels Papier-und-Bleistift-Tests ist eine Übertragung der Ergebnisse in eine entsprechende Software notwendig, um die Ergebnisse der Bewerber im Anschluss systematisch vergleichen zu können. Dazu kann man entweder manuell die notwendigen Test-Gesamtwerte berechnen und nur diese in eine Software eingeben. Oder aber man gibt nur die Rohwerte (also die Antworten der Bewerber auf einzelne Testaufgaben) ein und überlässt die Auswertung speziellen Test-Auswerte-Programmen. Solche Programme kann man selbst (z. B. mit Microsoft Excel) erstellen oder über andere Anbieter (Beratungen, Testverlage, etc.) beziehen. Da alle notwendigen Auswertungen automatisch erfolgen, ist diese Vorgehensweise weniger fehleranfällig und bei entsprechenden Bewerberzahlen auch ökonomischer.

Eingabe-Software

	A	B	C	D	E	F
1						
2	**Name:**			**Alter:**	**Bildung:**	
3	**Hans Müller**			**19**	**Hauptschule**	
4						
5	**Ergebnisse der Module**			**Ergebnisse der Untertests**		**Normwerte (SW)**
6				(nicht interpretieren!)		
7						
8	E-Mails bearbeiten	32		Analogien	18	122
9	Wissenstest Wirtschaft	15		Zahlenreihen	19	122
10	Wissenstest IT	15		Abwicklungen	13	105
11	Merkfähigkeit	18		Gleiche Wortbedeutungen	19	115
12				Grundrechnen	15	115
13	**Sprachliches Denken**	**37**		Eingekleidete Rechenaufgaben	19	126
14	**Rechnerisches Denken**	**34**		Spiegelbilder	17	110
15	**Figurales Denken**	**30**		E-Mails bearbeiten	32	100
16				Wissenstest Wirtschaft	15	100
17	**Schlussfolgerndes Denken**	**50**		Wissenstest IT	15	100
18	Gesamt	120		Merkfähigkeit	18	100
19						
20						
21		**SW**	**IQ**	**oKI**	**uKI**	
22		Standardwerte	IQ-Werte	Konfidenzintervall-Obergrenze	Konfidenzintervall-Untergrenze	
23						
24	**Sprachliches Denken**	118,5	132,1	141,0	123,2	
25	**Rechnerisches Denken**	120,5	135,4	143,9	126,8	
26	**Figurales Denken**	107,5	112,6	118,6	106,5	
27	**Schlussfolgerndes Denken**	116,3	129,3	135,3	123,2	
28						
29	**Gesamt**	116,4	--	--	--	
30						

Eingabe A / **Übersicht A** / Diagramm A / Eingabe B / Übersicht B / Diagramm B / Zusammenfassun

Abbildung 20:
Automatisch erstellte Ergebnisübersicht für einen Bewerber

4.5 Rückmeldung der Testergebnisse

Die lapidare Aussage, dass „andere Bewerber besser abgeschnitten haben", ist keine befriedigende Rückmeldung für eine Person, die einen anstrengenden Auswahlprozess hinter sich gebracht hat. Hier sollte stets bedacht werden, dass die Auswahlprozedur auch ein Marketing-Instrument für das Unternehmen als Arbeitgeber ist, und sogar Auswirkungen auf die Einstellung der Bewerber zum Kauf von Produkten des Unternehmens haben kann. Weiterhin kann sich auch durch Mundpropaganda schnell ein Image

Rückmeldung als Teil des Auswahlprozesses

eines Unternehmens aufbauen, das im negativen Fall dazu führen kann, dass sich andere Personen, die eine Passung zum Unternehmen aufweisen und über die entsprechende Eignung verfügen, gar nicht erst bewerben.

Qualifikation des Rückmeldenden

Eine fundierte Rückmeldung von Testergebnissen erfordert einige Kompetenzen. Der Rückmeldende muss Kenntnisse haben über:

- die zulässigen Aussagen, die aufgrund eines Testergebnisses gemacht werden können,
- die Bedeutung von Normwerten, sowie
- die Auswirkung der Messungenauigkeit eines Tests auf ein individuelles Testergebnis.

Angemessene Formulierungen wählen

In der Rückmeldung sollte berücksichtigt werden, dass Intelligenz, Wissen, Konzentrationsfähigkeit und andere psychologische Merkmale nicht direkt beobachtbar oder messbar sind. Die Erfassung über einen Test stellt einen indirekten Zugang zu diesen Merkmalen dar und kann nur als Anhaltspunkt für die „wahren" Fähigkeiten einer Person angesehen werden. In der Formulierung der Rückmeldung könnte dies wie folgt berücksichtigt werden: „Sie haben in dem Test 14 von 20 Aufgaben richtig gelöst. Dieses Testergebnis *spricht für* ein hohes Maß an fachspezifischem Wissen." Eine solche Formulierung wäre angemessen für einen Test, der „fachspezifisches Wissen" misst (wenn überzeugende Validitäts-Belege im Manual zu finden sind).

Idealerweise werden im Testmanual Hilfen zur Rückmeldung von Testergebnissen gegeben: Mit welchen Formulierungen kann das mit dem Test erfasste Merkmal allgemeinverständlich beschrieben werden? Welche Erklärungen kommen für unerwartet niedrige Testwerte in Frage? Welche Schlüsse aus dem Testergebnis sind zulässig und welche nicht? Leider sind solche benutzerfreundlichen Angaben nur selten zu finden. Deshalb werden hier einige Anregungen gegeben, wie Testteilnehmern „schlechte" Ergebnisse vermittelt werden können. Die darin aufgeführten Argumente gelten für individuelle Ergebnisse und stellen nicht die Qualität des Tests generell in Frage.

Anregungen für die Rückmeldung negativer Ergebnisse

- Erwähnen Sie die Referenzgruppe, mit der der Teilnehmer verglichen wurde. Je leistungsfähiger die Referenzgruppe, desto schlechter wird das Ergebnis eines Bewerbers im Vergleich zu dieser Referenzgruppe ausfallen.

„Sie wurden mit einer leistungsstarken Gruppe verglichen" (wenn entsprechende Normtabellen verwendet wurden).

– Informieren Sie über spezifische Eigenschaften des verwendeten Tests, die Einfluss auf das Ergebnis genommen haben könnten. *„Ihr Ergebnis hängt immer auch in gewissem Umfang von dem verwendeten Test ab. Jeder Test misst [z. B. Intelligenz] auf unterschiedliche Weise. Wäre ein anderer Test [zur Messung der Intelligenz] verwendet worden, hätte Ihr Ergebnis durchaus anders ausfallen können. Dieser Test verlangt [z. B. besonders schnelles Arbeiten, umfangreiches schulisches Wissen]. Vielleicht ist gerade das nicht Ihre Stärke."*

Selbstverständlich sollte man bei der Rückmeldung von Testergebnissen bei der Wahrheit bleiben und den Testteilnehmern keine Bagatellisierungen aufdrängen. Aber auf die Frage, „wie kann das denn sein – ich dachte immer ..." sollte man konstruktiv reagieren können. Die Erkenntnis, in einem bestimmten Test schlechte Leistungen erzielt zu haben, kann für berufliche Entscheidungen oder die Stellensuche auch nützlich sein. Beispielsweise kann ein Teilnehmer sich zukünftig auf solche Stellen bewerben, für die seine durch den Leistungstest offenkundig gewordenen „Schwächen" nicht relevant sind.

1. Rückmeldung anhand von Normwerten

Ergebnisse in Relation zu einer Vergleichsgruppe

Ab welchem Testwert kann man von einem hohen Maß oder einer hohen Ausprägung sprechen? Dazu benötigt man repräsentative Vergleichswerte, also Normen. Mithilfe dieser kann der Testwert eines 15-jährigen Realschülers in Relation zu einer repräsentativen Stichprobe gleichaltriger Personen mit ähnlichem Bildungshintergrund betrachtet werden.

Ein Testwert eines 15-jährigen Bewerbers (im unten dargestellten Beispiel als Bewerber 1 bezeichnet) kann zwar geringer ausfallen als der eines 19-jähringen Gymnasiasten (Bewerber 2), der Vergleich mit der passenden Referenzgruppe aber für den 15-jährigen Bewerber positiver. Durch Normwerte wird also dem Umstand Rechnung getragen, dass sich die durchschnittliche Leistungsfähigkeit verschiedener Personengruppen (z. B. 15-Jährige im Vergleich zu 19-Jährigen, Realschüler im Vergleich zu Gymnasiasten) unterscheidet. Möchte man die Leistungsfähigkeit eines Bewerbers nicht absolut, sondern in Relation zur jeweiligen Personengruppe betrachten, so sollte man die entsprechenden Normwerte, die in jedem Manual angegeben sein sollten, heranziehen. Dies soll im Folgenden konkret anhand der erwähnten 15- bzw. 19-jährigen Beispiel-Bewerber betrachtet werden.

Veranschaulichung der Funktion von Testnormen

Bewerber 1 (Realschüler, 15 Jahre) hat es geschafft, in einem Test 11 von 20 Aufgaben richtig zu lösen. Bewerber 2 (Gymnasiast, 19 Jahre) hat im gleichen Test 14 Aufgaben richtig gelöst. Allerdings schneiden Gymnasiasten in diesem Test generell besser ab als Realschüler. Dies bedeutet wiederum für Bewerber 2, dass er mehr Aufgaben richtig lösen muss, um im Vergleich zu seiner Referenzgruppe gut abzuschneiden, während Bewerber 1 bereits durch weniger richtige Aufgaben zu einer guten Beurteilung im Vergleich zu seiner Referenzgruppe gelangt. Die Normwerte für Bewerber 1 und 2 kann man in der nachfolgenden (fiktiven) Normtabelle ablesen.

Normwerte für 14- bis 17-jährige Realschüler (Auszug)

Anzahl gelöster Aufgaben	Normwert (IQ-Skala) Realschüler, 14–17 Jahre	Normwert (IQ-Skala) Gymnasiasten, 19–22 Jahre
...	...	...
9	98	90
10	100	92
11	104	94
12	107	96
13	109	98
14	112	100
15	114	103
...	...	...

Bewerber 1 hätte also bei 11 richtig gelösten Aufgaben einen Normwert von 104 erhalten, während Bewerber 2 bei 14 richtigen Antworten einen Normwert von 100 erzielen würde.

Verschiedene Normwertskalen verfügbar

Je nach Anwendungskontext werden für die Interpretation von Testergebnissen verschiedene Normwert-Skalen verwendet. Sie sind jedoch alle ineinander überführbar und unterscheiden sich hauptsächlich darin, welche Zahl dem Mittelwert der Referenzgruppe zugeordnet wird sowie darin, innerhalb welches Bereiches um diesen Mittelwert die Testergebnisse der meisten Menschen liegen. Man spricht von einer Standardabweichung; in der Regel liegen die Testergebnisse von 68 % aller Personen innerhalb einer Standardabweichung links und rechts vom Mittelwert.

Die IQ-Skala wird häufig bei Intelligenztests verwendet, sie hat einen Mittelwert von 100 und eine Standardabweichung von 15. Das heißt, der durchschnittlichen Leistung einer repräsentativen Personengruppe (z. B. 19- bis 22-jährige Gymnasiasten) wird der IQ-Normwert von 100 zugeordnet.

In dem aufgeführten Beispiel ist also das Lösen von 14 Aufgaben eine exakt durchschnittliche Leistung für 19- bis 22-jährige Gymnasiasten. Zudem liegen bei der IQ-Skala die Werte von 68 % der Menschen dieser Personengruppe in dem Intervall von 85 bis 115. Diese Zusammenhänge sowie die konkreten Ergebnisse der beiden fiktiven Bewerber aus dem Beispiel sind in Abbildung 21 noch einmal grafisch dargestellt.

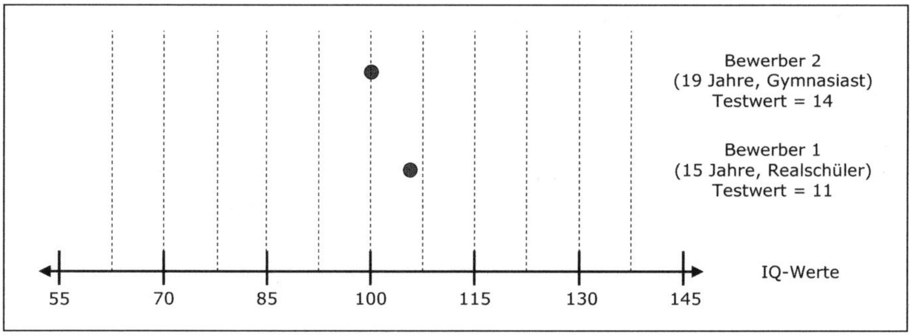

Abbildung 21:
Bewertung von Testergebnissen anhand von Vergleichsgruppen

Verbale Beschreibung verschiedener Werte der IQ-Skala	
Erläuterung: Man möge sich vorstellen, dass alle Personen in der Vergleichsgruppe nach ihrer Testleistung in einer aufsteigenden Rangfolge geordnet werden. Am Anfang stehen also die Personen mit den niedrigsten Testwerten.	
IQ-Wert = 70	Der Testteilnehmer hat in einem Test besser abgeschnitten als ca. 2 % der Personen in der Vergleichsgruppe.
IQ-Wert = 85	Der Testteilnehmer hat in einem Test gleich gut oder besser abgeschnitten als ca. 16 % der Personen in der Vergleichsgruppe.
IQ-Wert = 100	Der Testteilnehmer hat in einem Test gleich gut oder besser abgeschnitten als 50 % der Personen in der Vergleichsgruppe.
IQ-Wert = 115	Der Testteilnehmer hat in einem Test gleich gut oder besser abgeschnitten als ca. 84 % der Personen in der Vergleichsgruppe.
IQ-Wert = 130	Der Testteilnehmer hat in einem Test besser abgeschnitten als ca. 97 % der Personen in der Vergleichsgruppe.

Wahl der Vergleichsgruppe

Es wird deutlich, dass die Wahl der Vergleichsgruppe entscheidend ist für das Normwert-Ergebnis einer Testperson. Verwendet man als Vergleichsgruppe statt Gymnasiasten Personen aller Bildungsstufen, wird die zu beurteilende Person in der Regel besser abschneiden. Daher sollte bei der Rückmeldung die gewählte Vergleichsgruppe mit berücksichtigt werden: „Sie haben in dem Test 14 von 20 Aufgaben richtig gelöst. Verglichen mit gleichaltrigen Personen mit gleichem Bildungsabschluss spricht dieses Testergebnis für ein durchschnittliches Maß an fachspezifischem Wissen."

Der Begriff „IQ"

Der gerne angeführte „IQ" stellt lediglich eine von mehreren möglichen Normskalen dar. Andere gebräuchliche Normskalen sind z. B. die Standard-Werte-Skala oder die Stanine-Wert-Skala. Welchen Normwert man für eine bestimmte Leistung „bekommt", hängt stets von der zugrundeliegenden Normstichprobe, also der Vergleichsgruppe ab. Die Behauptung, „mein IQ ist ...", ist demnach keine sinnvolle Aussage. Korrekterweise müsste man sagen: „Im Vergleich zu gleichaltrigen Studenten [oder einer anderen Vergleichsgruppe] habe ich in dem Test XY einen IQ-Wert von ... erzielt."

Der Begriff „IQ" wird aber von den meisten Menschen nicht als Bezeichnung für bestimmte Normwerte verstanden, sondern synonym mit Intelligenz gesehen. Gekoppelt mit der Klassifikation „durchschnittlich" klingt daher eine Aussage wie, „Ihr IQ ist durchschnittlich", sehr negativ. Dies kann deutlich abgemildert werden, indem man betont, dass es hier um das Ergebnis in einem Test und nicht um *die* Intelligenz geht: „Ihr Testergebnis lag im durchschnittlichen Bereich".

2. Klassifikation von Testergebnissen

Einteilung in die Kategorien

Wenn man bedenkt, dass ein IQ-Wert von 100 per definitionem dem Durchschnitt der Vergleichsgruppe entspricht, soll man dann einen IQ-Wert von 105 als hoch bezeichnen? Oder vielleicht doch noch als durchschnittlich? Es gibt keine einheitliche Regelung, wie bestimmte Normwerte zu klassifizieren sind.

Abbildung 22 fasst einen, nach Meinung der Autoren sinnvollen Vorschlag zur Klassifikation von Testergebnissen zusammen. Legt man ein 15 IQ-Wert-Einheiten breites Intervall um den Mittelwert, also ein Intervall von 92,5 bis 107,5, so kann man die Testleistung von 38,3 % der Menschen als *durchschnittlich* klassifizieren. Dies ist vor dem Hintergrund, dass durchschnittliche Ergebnisse per Definition am häufigsten vorkommen müssen, eine sinnvolle Klassifikation. Dieser Einteilung folgend kann man die Einteilung in „15er-Schritten" bei einer IQ-Skala fortsetzen. In einem Intervall zwischen 107,5 und 122,5 liegt die Testleistung von 24,2 % der Menschen, hier kann man von einer *hohen* Fähigkeit sprechen. Für ein Intervall zwischen 77,5 und 92,5 (in dem ebenfalls 24,2 % der Menschen eingeordnet werden können) wäre eine *niedrige* Fähigkeit zu diagnostizieren. Werte unter 77,5 und über 122,5 sind sehr selten und als *sehr niedrig* bzw. *sehr hoch* zu klassifizieren. Somit würde man – um die eingangs dieses Absatzes aufgeworfene Frage zu beantworten – einen IQ-Wert von 105 als „durchschnittlich" klassifizieren. Diese Person wird dem Intervall zugeordnet, das den Mittelwert umspannt und 38,3 % aller Menschen der Vergleichsgruppe beinhaltet.

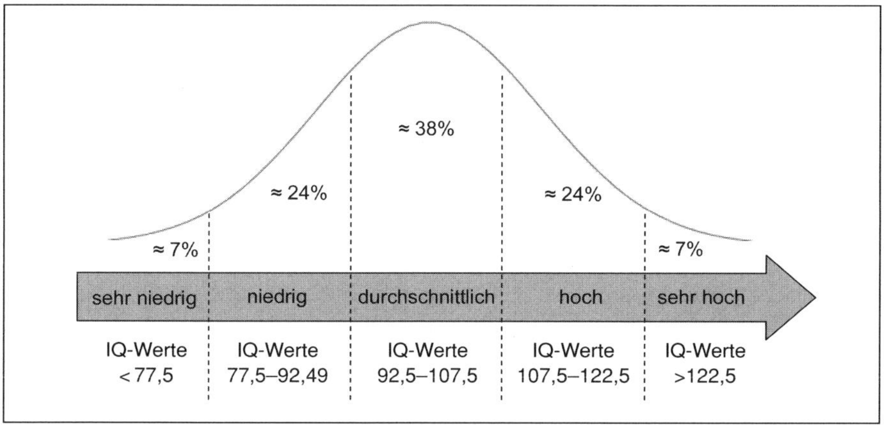

Abbildung 22:
Klassifikation von IQ-Wert-Bereichen

3. Berücksichtigung der Messgenauigkeit (Reliabilität)

Da psychologische Tests nicht absolut exakt messen, muss man annehmen, dass ein einmaliges Testergebnis bei nochmaliger Testung nicht auf identische Weise repliziert wird, sondern in einem gewissen Bereich vom ersten Testergebnis abweichen kann.

Berücksichtigung der Messungenauigkeit

Das bedeutet, dass die tatsächliche Leistungsfähigkeit eines Bewerbers zwar sehr wahrscheinlich in der Nähe des Testergebnisses liegt, aber nicht unbedingt identisch mit dem Testergebnis sein muss. Je höher die Messgenauigkeit eines Tests, desto wahrscheinlicher ist es, dass die tatsächliche Leistungsfähigkeit nah bei dem aktuellen Testergebnis liegt. Wie nah dies ist, erfährt man durch sogenannte Sicherheitsbereiche. Diese werden um den Testwert „gelegt" und geben den Bereich an, in dem mit einer gewissen Wahrscheinlichkeit (meist 90 oder 95 %) die tatsächliche Leistungsfähigkeit des Teilnehmers liegt.

Veranschaulichung verschiedener Sicherheitsbereiche

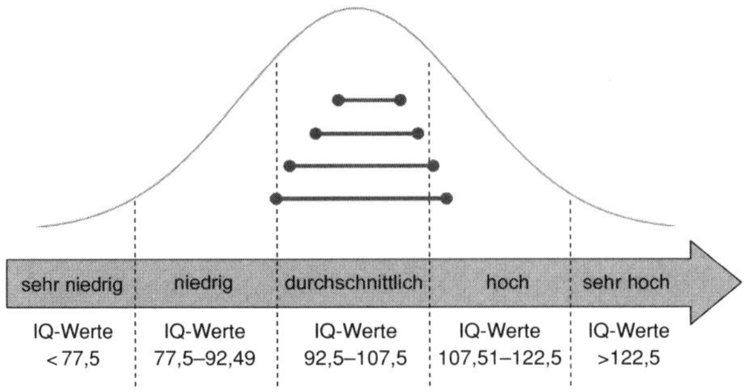

Reliabilitäten und Größe der Sicherheitsbereiche von oben nach unten:

Rel. = 0.95	Sicherheitsbereich = 6.6 IQ-Werte (also 3.3 IQ-Werte ober- und unterhalb des ermittelten IQ-Werts)
Rel. = 0.90	Sicherheitsbereich = 9.3 IQ-Werte (also 4.65 IQ-Werte ober- und unterhalb des ermittelten IQ-Werts)
Rel. = 0.80	Sicherheitsbereich = 13.1 IQ-Werte (also 6.55 IQ-Werte ober- und unterhalb des ermittelten IQ-Werts)
Rel. = 0.70	Sicherheitsbereich = 16.1 IQ-Werte (also 8.05 IQ-Werte ober- und unterhalb des ermittelten IQ-Werts)

(Irrtumswahrscheinlichkeit: 5 %, zweiseitig; Standardabweichung: 15)

→ Bei einem – in einem Test mit einer Reliabilität von 0.95 – erzielten IQ-Wert von 113 würde der Sicherheitsbereich also von 109.7 bis 116.3 reichen.

Möchte man diese Sicherheitsbereiche in das Feedback an den Bewerber mit einbeziehen, so könnte eine mögliche Formulierung sein (z. B. für die ersten beiden Balken im obigen Kasten): „Ihr Testergebnis ist im Vergleich zu gleichaltrigen Bewerbern als durchschnittlich zu bezeichnen."

Der dritte Balken von oben (Sicherheitsbereich bei einer Messgenauigkeit des Tests von 0.80) müsste anders als die ersten beiden Balken verbalisiert werden, denn nun ragt dieser Balken in den nächsten Bereich hinein, in dem man die Ergebnisse als „hoch" bezeichnet. Die Rückmeldung wäre also: „Ihr Testergebnis ist im Vergleich zu gleichaltrigen Bewerbern als durchschnittlich zu beurteilen, unter Berücksichtigung der Messgenauigkeit könnte es jedoch auch hoch sein."

Wie man sieht, müsste nach einem Test mit einer Messgenauigkeit von 0.70 die Rückmeldung an den Teilnehmer lauten (unterster roter Balken): „Ihr Testergebnis ist im Vergleich zu gleichaltrigen Bewerbern als durchschnittlich zu beurteilen, unter Berücksichtigung der Messgenauigkeit könnte es jedoch auch hoch oder niedrig sein." Diese Rückmeldung ist sicherlich für den Teilnehmer und auch für den Rückmeldenden unbefriedigend. Man kann sich zwar noch durch Modifikationen bei der Berechnung des Sicherheitsbereichs behelfen, generell sollte aber von einem Einsatz von (Leistungs-)Tests mit einer derat geringen Messgenauigkeit von 0.70 Abstand genommen werden.

Geringe Messgenauigkeit nicht akzeptabel

Fazit
Wenig messgenaue Verfahren können nicht zur Auswahl eingesetzt werden, da die tatsächliche Leistungsfähigkeit des Berwerbers sehr weit ober- oder auch unterhalb des tatsächlichen Testergebnisses liegen könnte.

4.6 Integration verschiedener Erkenntnisse

In den meisten Fällen werden Ihnen für einen Bewerber oder Mitarbeiter Ergebnisse aus mehreren diagnostischen Verfahren vorliegen. Dann stellt sich stets die Frage: Wie sollen die verschiedenen Erkenntnisse zu einem Gesamtbild zusammengefasst werden?

Bei der so genannten *„klinischen" Urteilsbildung* integriert der Personalverantwortliche aufgrund seines Expertenwissens und seiner Erfahrung die vorliegenden Informationen zu einem Gesamturteil. Es ist ihm dabei frei gestellt, wie er die einzelnen Ergebnisse gewichtet und zu einem Gesamtergebnis verechnet. So wird er vielleicht einen Bewerber aufgrund mangelnden Fachwissens ablehnen, während er einen anderen akzeptiert, der ebenfalls wenig Fachwissen hat, dafür aber sehr lernfähig ist.

Intuitive Verrechnung

Bei der *„statistischen" Urteilsbildung* werden Ergebnisse nach vorab festgelegten Regeln integriert. Einfache „Wenn-Dann"-Regeln oder mathematische Algorithmen, idealerweise abgeleitet aus empirischen Befunden, können hierzu herangezogen werden.

„Wenn-Dann"-Regeln und Algorithmen

Sollte man nun Kriterien nach der „klinischen" oder der „statistischen" Methode zu einem Gesamturteil verrechnen? In einer umfangreichen Studie (Grove, Zald, Lebow, Snitz & Nelson, 2000) wurden insgesamt 136 einschlägige Studien aufgenommen. Es zeigte sich, dass insgesamt die „statistische" der „klinischen" Vorhersage überlegen war. Generell weiß man, dass eine intuitive Integration von Ergebnissen anfällig für Fehler ist (z. B. Kahneman, Slovic & Tversky, 1982).

Statistische Urteilsbildung ist der klinischen überlegen

Nachteile der statistischen Urteilsbildung

Dennoch hat auch die statistische Urteilsbildung Nachteile. So kann sie nur Merkmale berücksichtigen, die in der Vergangenheit vollständig für alle untersuchten Personen erhoben wurden. Seltene Merkmale, wie etwa die Tatsache, dass jemand einen Preis bei „Jugend forscht" gewonnen hat, müssten bei konsequenter Anwendung von statistischer Urteilsbildung ignoriert werden. Auch wird angenommen, dass die Testergebnisse bei allen Personen in gleicher Weise die Ausprägung eines Merkmals anzeigen. Wenn aber eine Testperson aufgrund ihrer Farbenblindheit in einem farbigen Matrizentest einen niedrigen IQ erzielt, ist das Urteilsmodell, zumindest was die Berücksichtigung der Intelligenz angeht, für sie nicht angemessen.

Empfehlungen zur Integration von verschiedenen Erkenntnissen

1. Aufgrund der prinzipiellen Überlegenheit ein statistisches Urteilsmodell verwenden.
2. Dieses kontinuierlich verbessern (z. B. durch ständige „Aktualisierung" der Gewichtung).
3. Das Ergebnis der statistischen Prognose als Entscheidungshilfe heranziehen, aber nicht als „Autopilot" verwenden. In begründeten Fällen von der Prognose abweichen und dies dokumentieren.

4.7 Effektivität und Prognose

Die hohe Vorhersagekraft der allgemeinen kognitiven Leistungsfähigkeit (Intelligenz) konnte für viele Berufsfelder und in zahlreichen Ländern bestätigt werden (Schmidt-Atzert, 2005). Viele andere, häufig eingesetzte Verfahren leisten über die allgemeine kognitive Leistungsfähigkeit hinaus keine zusätzliche Vorhersage auf z. B. den späteren Berufserfolg eines Bewerbers.

Leistungstests können andere Verfahren ersetzen

Umgekehrt bedeutet dies, dass in vielen Fällen ein anderes Verfahren sehr gut durch einen Leistungstest ersetzt werden könnte. Abhängig von der Art des ersetzten Verfahrens erreicht man dadurch nicht nur eine Verbesserung der Vorhersage von relevanten beruflichen Kriterien, sondern führt oftmals auch eine objektivere und ökonomischere Auswahl durch.

Um für einen konkreten Fall besser abschätzen zu können, ob sich der Einsatz eines Leistungstests lohnt, kann es sinnvoll sein, zunächst einmal die Prognosegüte des derzeit verwendeten Verfahrens zu bestimmen oder wenigstens abzuschätzen.

Abschätzen lässt sich die Prognosegüte bei standardisierten eignungsdiagnostischen Verfahren durch einen Blick ins Handbuch. Hier findet man möglicherweise Validitätsbefunde, die etwas über die Vorhersagekraft des Verfahrens in einem ähnlichen oder identischen Kontext aussagen. Ist dies nicht möglich, z. B. weil das Verfahren eigens für einen bestimmten Betrieb konstruiert wurde und es somit zu dem Verfahren kein Handbuch gibt, kann man sich in einschlägigen Büchern oder wissenschaftlichen Veröffentlichungen zumindest über die Prognosekraft des Verfahrenstyps (z. B. Assessment Center) informieren. Wenn der Verfahrenstyp in den Tabellen 1 und 2 enthalten ist, kann man auch einfach dort nachsehen (S. 16, S. 21).

Prognosegüte dem Handbuch entnehmen

Die Prognosegüte lässt sich berechnen, wenn für möglichst viele Beurteilte sowohl die Ergebnisse aus dem eignungsdiagnostischen Verfahren als auch Ergebnisse von beruflichen Erfolgskriterien vorliegen. Der Zusammenhang zwischen Eignungsurteil und Erfolgskriterium wird dann durch mathematische Methoden (z. B. Korrelationsanalysen) bestimmt.

Prognosegüte direkt ermitteln

Die Auswahl der beruflichen Erfolgskriterien sollte davon geleitet sein, was mit dem eignungsdiagnostischen Verfahren vorhergesagt werden soll. Mögliche Erfolgskriterien sind: Umsatz, Vorgesetztenbeurteilungen, Gehalt, Abschlussnoten (in Ausbildungen oder Lehrgängen). Natürlich sind diese Kriterien von vielen Faktoren abhängig. Dennoch sollte beruflicher Erfolg in gewissem Umfang von der Leistung(sfähigkeit) eines Mitarbeiters abhängen. Also sollte die Leistungsbeurteilung, die (hoffentlich) in Relation zu den beruflichen Anforderungen steht, auch berufliche Erfolgskriterien vorhersagen.

Unterschiedliche Erfolgskriterien

Existiert zu dem verwendeten Verfahrenstyp weder ein Handbuch, dem man Informationen zur Prognosegüte entnehmen kann, noch lassen sich wissenschaftliche Studien dazu finden, noch belegen eigene Ergebnisse einen substanziellen Zusammenhang zwischen den Ergebnissen des Verfahrens und den Erfolgskriterien, so ist in der Regel keine seriöse Eignungsbeurteilung durch das Verfahren gegeben. Zur Sicherheit kann man dies auch von unabhängigen Wissenschaftlern prüfen lassen.

Unabhängige Beratung durch Wissenschaftler

Wenn die ermittelte Prognosegüte substanziell ist, aber dennoch hinter der Vorhersagekraft zurückbleibt, die durch andere Verfahren gewährleistet wäre, sollte eine Umstellung der Beurteilungsverfahren ernsthaft erwogen werden. Hier sei nochmals auf die enormen positiven finanziellen Auswirkungen einer valideren Eignungsbeurteilung hingewiesen (vgl. Kapitel 1.7).

Exemplarische Zusammenhänge zwischen Leistungstests und Erfolgskriterien

– Zusammenhang zwischen dem Wilde Intelligenztest und der theoretischen IHK-Abschlussnote verschiedener gewerblicher Ausbildungsberufe bei einem großen deutschen Chemie-Konzern: *0.34 bis 0.42* (Schmidt-Atzert, Deter & Jäckel, 2004)

- Zusammenhang zwischen dem I-S-T 70 und der theoretischen IHK-Abschlussnote der Ausbildungsberufe Chemikant bzw. Chemielaborant bei einem großen deutschen Chemie-Konzern: *0.33 bzw. 0.34* (Schmidt-Atzert & Deter, 1993)

Bei diesen Zusammenhängen[6] handelt es sich um Prognosen über Zeiträume von drei bis vier Jahren, d. h. die Testleistung wurde bei der Eignungsuntersuchung und die Eignungskriterien erst nach Abschluss der Ausbildung erhoben.

Intelligenztests gute Prädiktoren des Ausbildungserfolgs

Natürlich ist die hier aufgeführte Auswahl an Studien selektiv. Sie dient lediglich der Veranschaulichung. Eine zusammenfassende Darstellung deutscher Befunde zum Zusammenhang zwischen Intelligenztests und Ausbildungserfolgskriterien nahmen Hülsheger, Maier, Stumpp und Muck (2006) vor. Die dabei einbezogenen Intelligenztests waren der Intelligenzstrukturtest (I-S-T 70), der Wilde Intelligenztest (WIT), das Leistungsprüfsystem (LPS), das Prüfsystem für Schul- und Bildungsberatung (PSB), der Culture Fair Test (CFT-3) und die Standard Progressive Matrices (SPM). Die mittleren Zusammenhänge dieser Verfahren mit Kriterien des Ausbildungserfolgs schwankten zwischen 0.32 und 0.40. Dazu ist zu erwähnen, dass hier Noten und Beurteilungen für unterschiedliche Ausbildungsgänge als Kriterien verwendet wurden, die Ergebnisse somit nicht auf bestimmte Ausbildungen beschränkt sind.

Fazit

Die erwähnten Testverfahren sind valide Prädiktoren des Ausbildungserfolgs.

4.8 Der Prozess im Überblick

Die in verschiedenen Kapiteln geschilderten Maßnahmen und Empfehlungen sollen nun noch einmal komprimiert dargestellt werden. Die Darstellung erfolgt in der Reihenfolge, in der verschiedene Schritte zur Implementierung eines Tests in einen Beurteilungsprozess vorgenommen werden sollten.

6 Aufmerksamen Lesern mag aufgefallen sein, dass die hier berichteten Zusammenhänge durchweg niedriger sind als die in den Meta-Analysen (Tabellen 1 und 2) gefundenen Zusammenhänge. Dies liegt daran, dass in den Meta-Analysen die entsprechenden Kennwerte korrigiert werden für bestimmte verzerrende Einflüsse; dies ist in den hier dargestellten Beispielen nicht der Fall.

Der Prozess im Überblick

- Schritt 1: Anforderungsanalyse
- Schritt 2: Überprüfung der bisherigen eignungsdiagnostischen Verfahren und Sammlung von Alternativen (dies stellt ebenfalls eine Form der Anforderungsanalyse dar).
- Schritt 3: Auswahl von geeigneten eignungsdiagnostischen Verfahren
- Schritt 4: Vorbereitung und Durchführung
- Schritt 5: Auswertung, Dokumentation und Interpretation
- Schritt 6: Integration der Ergebnisse zu einem Gesamturteil
- Schritt 7: Evaluation der Auswahlprozedur

Im Rahmen der Anforderungsanalyse stellt sich folgende Frage: Können Sie relevante Anforderungen identifizieren, die bisher nicht berücksichtigt wurden?

Ist die Prognose des Erfolgskriteriums bislang nur unzureichend möglich, so ist es wahrscheinlich, dass die derzeit verwendeten Verfahren ungeeignet sind oder dass relevante Anforderungen bisher übersehen wurden. Diese sollten ermittelt werden.

In Schritt 2 fragt man sich: Spiegeln die derzeit verwendeten Auswahlverfahren die relevanten Anforderungen im Beruf/in der Ausbildung ausreichend wider?

Hierzu können Sie den Zusammenhang zwischen den Ergebnissen der eignungsdiagnostischen Verfahren und den Erfolgskriterien ermitteln (lassen) und mit Erkenntnissen aus wissenschaftlichen Studien vergleichen.

Stehen alternative Verfahren zur Verfügung bzw. wie können Anforderungen, die bisher nicht berücksichtigt wurden, erfasst werden?

Hierzu kann man sich an dem in Kapitel 2.2 beschriebenen trimodalen Ansatz in der Eignungsdiagnostik orientieren. Darüber hinaus kann bei Testverlagen oder in Literaturdatenbanken die jeweilige Anforderung als Schlagwort eingegeben werden, um Informationen zu geeigneten Testverfahren zu erhalten.

In Schritt 3 geht es um die Auswahl von geeigneten eignungsdiagnostischen Verfahren und dementsprechend um die Frage: Welche der Alternativen ist zu wählen? Welche Alternativen versprechen eine Verbesserung der bisherigen Eignungsbeurteilung?

Hierzu können Sie, wie in Kapitel 3.4 aufgeführt, Tests hinsichtlich verschiedener Kriterien beurteilen. Da Sie in den meisten Fällen eine Vorhersage des Ausbildungserfolgs oder des beruflichen Erfolgs treffen wollen, ist für alle eignungsdiagnostischen Verfahren vorrangig zu prüfen, inwiefern diese über eine Prognosegüte für ein Kriterium verfügen, das für ihr Anwendungsgebiet relevant ist.

In Schritt 4 (Vorbereitung und Durchführung) sollte man Folgendes überprüfen: Sind die Voraussetzungen für eine sachgemäße Durchführung unter standardisierten Bedingungen gegeben?

Überprüfen Sie, welche Angaben Ihnen zur Durchführung eines eignungsdiagnostischen Verfahrens zur Verfügung stehen. Halten Sie sich an diese Angaben. Stellen Sie den Testteilnehmern die notwendigen Materialien zur Verfügung. Sorgen Sie dafür, dass die Durchführenden die notwendigen Kenntnisse bezüglich der Testdurchführung besitzen.

Im Zuge von Schritt 5 (Auswertung, Dokumentation und Interpretation) sollten sie folgende Frage bejahen können: Werden die eignungsdiagnostischen Verfahren instruktionsgemäß ausgewertet, die Ergebnisse festgehalten und zulässige Schlüsse aus den Ergebnissen gezogen?

Um zulässige Schlüsse aus einem Testergebnis ziehen zu können, darf die Auswertung nur wie im Manual beschrieben vorgenommen werden. Über die angegebenen Kennwerte hinaus sollten keine Auswertungen vorgenommen werden (z. B. über die Bearbeitungsdauer bei Tests, in denen keine Interpretation der Bearbeitungszeit vorgesehen ist). Zulässige Schlüsse aus einem Testergebnis sind nur solche, die dem Inhalt des Tests gerecht werden. Viele Fehler in einem Test zur Messung des Schlussfolgernden Denkens können beispielsweise nicht grundsätzlich als mangelnde Sorgfalt interpretiert werden.

Die Integration der Ergebnisse zu einem Gesamturteil (Schritt 6) wirft diese Frage auf: Werden die anfallenden Ergebnisse einheitlich und nach vorher festgelegten Regeln, die aus den Anforderungen abgeleitet wurden, zu einem Gesamturteil integriert?

Viele Forschungsergebnisse zeigen, dass Menschen verschiedenen Urteilsfehlern unterliegen, wenn sie intuitive Schlüsse ziehen sollen. Daher ist es wichtig, die in verschiedenen Verfahren anfallenden eignungsdiagnostischen Erkenntnisse nach vorab definierten Regeln zu einem Gesamturteil zu integrieren. Diese Regeln sollten natürlich nicht frei erfunden sein, sondern der Relevanz der jeweiligen Testverfahren für den späteren Erfolg entsprechen.

In Schritt 7 (Evaluation der Auswahlprozedur) sollte beantwortet werden: Stehen die Ergebnisse der einzelnen Auswahlverfahren tatsächlich in Zusammenhang mit dem späteren beruflichen Erfolg/dem Ausbildungserfolg der Teilnehmer?

Diese Frage sollte unbedingt geklärt werden; eine solche Analyse der im eigenen Betrieb erhobenen Daten stellt den ultimativen Prüfstein für das Auswahlverfahren dar und ist durch keine anderen Erkenntnisse zu ersetzen. Oftmals liegen die notwendigen Daten ohnehin vor. Zur Analyse können externe Wissenschaftler herangezogen werden.

5 Ein Fallbeispiel aus der Unternehmenspraxis

Implementierung in mehreren Schritten

Das folgende Fallbeispiel beschreibt den Prozess der Implementierung von Leistungstests – von der Analyse der „alten" Tests bis hin zur Integration der neuen Leistungstests – in ein aus mehreren Schritten bestehendes Auswahlverfahren. Im Rahmen der Beratung eines Industrieunternehmens wurden fast alle Schritte des in Kapitel 4.8 beschriebenen Prozesses durchlaufen.

Ziel war die Optimierung der Auswahl von Auszubildenden für gewerbliche Berufe. Das betreffende Unternehmen stellt jedes Jahr etwa 10 bis 15 gewerbliche Auszubildende ein. Der Beratungsanlass ergab sich daraus, dass das Unternehmen selbst den Wunsch hatte, die bereits bestehenden Auswahlverfahren auf den „Prüfstand" stellen zu lassen und, wenn nötig, eine Optimierung vorzunehmen.

5.1 Anforderungsanalyse und Überprüfung der bisherigen eignungsdiagnostischen Verfahren

Die Anforderungsanalyse und die Überprüfung der bisherigen eignungsdiagnostischen Verfahren wurden parallel durchgeführt.

Das ursprüngliche Auswahlverfahren
Das ursprüngliche Auswahlverfahren für gewerbliche Auszubildende bestand aus: – der Sichtung der Bewerbungsunterlagen – einer Vorauswahl anhand bestimmter Zeugnisnoten

– einem selbst konstruierten Mathematiktest
– einem selbst konstruierten Test zum technischen Verständnis
– einem Test zur motorischen Geschicklichkeit (Drahtbiegeprobe)
– einem unstrukturierten Interview.

Zusammenhang zwischen Auswahlverfahren und IHK-Ergebnis

Zunächst einmal wurden anhand der Daten von Auszubildenden, die in den vergangenen Jahren eingestellt worden waren und auch die IHK-Abschlussprüfung absolviert hatten, die Zusammenhänge zwischen den Auswahlverfahren und dem IHK-Prüfungsergebnis ermittelt. Diese lagen für die praktische IHK-Prüfung durchweg im sehr geringen, für die theoretische IHK-Prüfung im geringen oder sehr geringen Bereich. Studien zur Vorhersage von Berufs- und Ausbildungserfolg zeigen, dass man keine Zusammenhänge im mittleren oder gar hohen Bereich erwarten kann. Dennoch gaben die bei dem beratenen Unternehmen ermittelten Zusammenhänge Anlass zu der Vermutung, dass durch eine anforderungsanalytisch begründete, veränderte Zusammenstellung der Auswahlverfahren eine substantielle Verbesserung der Vorhersage des Ausbildungserfolgs erzielt werden kann. Die Anforderungsanalyse wurde in zwei Schritten durchgeführt, die im Folgenden beschrieben werden.

Vergleich mit Daten aus anderen Unternehmen

Im ersten Schritt erfolgten eine Analyse von vergleichbaren Daten aus anderen Unternehmen sowie eine Betrachtung der Ergebnisse einschlägiger wissenschaftlicher Studien. Manche der hier analysierten Verfahren kamen auch bei der Auswahl von Auszubildenden für ähnliche Berufe bei vergleichbaren anderen Unternehmen zum Einsatz (Schmidt-Atzert, Deter & Jaeckel, 2004; Schmidt-Atzert & Deter, 1993). Diese Erkenntnisse wurden als Vergleich herangezogen. In Tabelle 3 erfolgt eine Gegenüberstellung der Prognosegüten der jeweiligen Verfahren.

Aus dieser Gegenüberstellung wurde festgehalten, dass der Mathematiktest in dem beratenen Unternehmen eine vergleichbare Prognosegüte erbringt wie in dem Vergleichs-Unternehmen. Allerdings konnte bei dem Vergleichs-Unternehmen gezeigt werden, dass der Einsatz des Mathematiktests zusätzlich zu einem Intelligenztest keinen weiteren Nutzen bringt.

Obwohl in dem Vergleichs-Unternehmen ein anderes Ergebnis gefunden wurde, schien der Test zum technischen Verständnis wenig Relevanz für die Vorhersage des theoretischen Ausbildungsergebnisses zu haben.

Der Test zur motorischen Geschicklichkeit zeigte in dem betreffenden Unternehmen die vergleichsweise höchste Prognosekraft. Es zeigte sich jedoch bereits in dem Vergleichs-Unternehmen, dass bei einem gleichzeitigen Einsatz eines Intelligenztests ein Test zur motorischen Geschicklichkeit keine Relevanz mehr hat.

Die allgemeine kognitive Leistungsfähigkeit gilt generell als der beste Prädiktor beruflichen Erfolgs. Dies wurde in vorherigen Kapiteln bereits mehr-

Tabelle 3:
Gegenüberstellung von Prognosegüten

Vorhersage des Ausbildungserfolgs durch	Aktuelles Unternehmen	Vergleichbares Unternehmen[1]	Zusammenfassung wissenschaftlicher Studien[2]
Mathematiktest	0.22	0.19	k. A.
Test zum techn. Verständnis	0.04	0.30	k. A.
Motorische Geschicklichkeit	0.28	0.14	k. A.
Intelligenz (allgemeine kognitive Leistungsfähigkeit)	nicht eingesetzt	0.38	0.56[3]
Strukturiertes Interview	nicht eingesetzt	k. A.	0.35[3]
Unstrukturiertes Interview	eingesetzt, aber nicht evaluiert	k. A.	0.35[3]

Anmerkungen: 1 = Schmidt-Atzert, Deter & Jaeckel, 2004; 2 = Meta-Analyse von Schmidt & Hunter, 1998; 3 = Die aus der Meta-Analyse entnommenen Zusammenhänge sind um verschiedene Störeinflüsse korrigiert und dadurch höher als unkorrigierte Vergleichswerte

Empfehlung: Einsatz eines Intelligenztests

fach erwähnt. Gleiches gilt auch für die Vorhersage des Ausbildungserfolgs. Vor der Beratung durch die Autoren dieses Buches wurde in dem hier dargestellten Unternehmen kein entsprechender Test eingesetzt. Ergebnisse aus Meta-Analysen und dem Vergleichs-Unternehmen zeigen jedoch, dass dies anzustreben ist.

Zusätzlicher Einsatz eines strukturierten Interviews

Zusätzlich zu den verwendeten Leistungstests kam auch ein unstrukturiertes Interview zum Einsatz. Aus vielerlei Gründen ist eine strukturierte Durchführung anzuraten. Damit ist gemeint, dass ein Leitfaden vorab erarbeitet wird, in dem die Fragen ausformuliert sind. Alle Bewerber bekommen weitgehend dieselben Fragen gestellt, wodurch die Vergleichbarkeit erhöht wird.

Fazit

Als Fazit aus der Gegenüberstellung verschiedener empirischer Ergebnisse wurde gemeinsam mit dem beratenen Unternehmen erarbeitet, dass

- aufgrund der Relevanz für alle Berufe und Ausbildungen ein Intelligenztest eingesetzt werden soll. Der Intelligenztest erbrachte in dem Vergleichs-Unternehmen eine deutlich höhere Prognosegüte als alle zu diesem Zeitpunkt verwendeten Verfahren in dem beratenen Unternehmen. Dies ließ darauf schließen, dass die Güte der Auswahl durch den Einsatz eines Intelligenztests deutlich gesteigert werden kann.

- der Mathematiktest wohl keine Relevanz mehr haben wird, wenn gleichzeitig ein Intelligenztest eingesetzt wird. Da Mathematikkenntnisse aber nach Aussage der Unternehmensvertreter eine enorme Bedeutung im Rahmen der Ausbildung haben, soll dieser Test zunächst beibehalten werden und nach einiger Zeit empirisch geprüft werden, ob tatsächlich kein zusätzlicher Nutzen über einen Intelligenztest hinaus erreicht wird.
- dass der Test zur motorischen Geschicklichkeit zukünftig nicht mehr verwendet wird. Aufgrund der Erkenntnisse aus dem Vergleichs-Unternehmen ist nicht anzunehmen, dass ein solcher Test neben dem Intelligenztest einen Nutzen erbringt.
- dass ein strukturiertes Interview durchgeführt werden soll.

Dimensionen des strukturierten Interviews

Die Analyse der vorliegenden Daten in dem Unternehmen und deren Vergleich mit Ergebnissen aus anderen Untersuchungen stellt eine Betrachtung der Anforderungen in der Vergangenheit dar (da die analysierten Daten ja bei zurückliegenden Ausbildungs-Kohorten angefallen sind). Sofern keine drastischen Änderungen stattgefunden haben, kann angenommen werden, dass diese Anforderungen immer noch gelten. Um dies zu überprüfen und um auch aktuelle und zukünftige Anforderungen zu berücksichtigen, wurden ein Workshop und mehrere ausführliche Gespräche mit Verantwortlichen des Unternehmens durchgeführt. Mithilfe der Critical-Incident-Technik wurden auch Anforderungen identifiziert, die nicht unmittelbar mit der theoretischen IHK-Prüfung in Verbindung stehen, aber dennoch als wichtig erachtet wurden (v. a. sogenannte Soft-Skills).

Die Critical-Incident-Technik

Die Critical-Incident-Technik beschreibt eine Vorgehensweise bei der Ermittlung von Anforderungen. Dabei werden Vorgesetzte, Stelleninhaber oder auch Kunden nach tatsächlich in der Vergangenheit vorgefallenen Ereignissen gefragt, in denen ein Mitarbeiter sich besonders positiv oder negativ verhalten hat. Wenn man genügend viele dieser Critical-Incidents sammelt, kann man diese zu übergeordneten Dimensionen (z. B. Umgang mit Konflikten) zusammenfassen und erhält so eine Liste relevanter Anforderungen.

Nach dem hier beschriebenen Vorgehen im Rahmen der Anforderungsanalyse wurde eine Auswahlprozedur für das beratene Unternehmen erarbeitet.

Neue Auswahlprozedur
– Systematische Betrachtung der Schulnoten Hier wurden Mindestanforderungen bezüglich der Durchschnittsnote aus den Kernfächern sowie der Mathematiknote vereinbart. – Durchführung von Leistungstests in Gruppensitzungen – Intelligenztest – Mathematiktest – Strukturiertes Interview Das Interview dient zur Erfassung von berufsbezogenen Interessen, Vorerfahrungen sowie weiterer anforderungsanalytisch ermittelter Eigenschaften und Kompetenzen.

5.2 Auswahl von geeigneten Verfahren

Wie beschrieben sollte die neue Auswahlprozedur für gewerbliche Auszubildende einen Intelligenztest beinhalten. Dieser Test sollte – neben Kriterien, denen alle Tests genügen müssen, die seriöse Aussagen über Personen machen (vgl. Kapitel 3.5) – folgende Randbedingungen erfüllen:

Anforderungen an eingesetzte Tests
Der Test ist im Kontext der Personalauswahl einsetzbar. Die Autoren geben als Anwendungsbereich unter anderem Eignungsdiagnostik oder Personalauswahl an. Zudem sollten Validitätsbelege für eignungsdiagnostische Kriterien (insbesondere Ausbildungserfolg) vorliegen. *Der Test liefert neben einem Gesamtwert auch einen Kennwert für Intelligenz im numerischen Bereich (rechnerisches Denken).* Da die Anforderungsanalyse ergeben hatte, dass für den Ausbildungserfolg mathematische Fähigkeiten relevant sind, sollte ein Intelligenztest verwendet werden, der nicht nur einen globalen Gesamtwert liefert, sondern auch einzelne Kennwerte für verschiedene Bereiche (verbal, numerisch, figural). Der Kennwert für den numerischen Bereich soll neben dem Gesamtwert bei der Auswahl beachtet werden. Intelligenzstrukturtests (vgl. Kapitel 3.6.2) liefern diese Kennwerte. *Der Test lässt eine Durchführung in der Gruppe zu.* Dies impliziert, dass während der Testbearbeitung keine Interaktion zwischen Testleiter und Testteilnehmer notwendig ist. Da kein Raum mit einer großen Zahl an Computern verfügbar war, sollte zudem eine Papier-und-Bleistift-Version in zwei Parallelformen vorhanden sein. Dies verhindert das Abschreiben der Teilnehmer.

Auswahl des WIT-2

Von den in Frage kommenden Intelligenzstrukturtests fiel die Wahl auf den Wilde Intelligenztest (WIT-2, Kersting et al., 2008). Der WIT-2 ist ein relativ neuer Test – die Gefahr, dass Testteilnehmer ihn schon kennen, ist also sehr gering. Trotz der Neuheit baut der WIT-2 auf etablierten Prinzipien auf. Die Normen des WIT-2 wurden zudem in „echten" Auswahlsituationen erhoben, man kann daher die Leistung der eigenen Bewerber mit einer Gruppe anderer Bewerber vergleichen. Üblicherweise werden Normdaten in Testungen erhoben, in denen das Testergebnis keine Konsequenzen für die Teilnehmer hat.

5.3 Vorbereitung und Durchführung

Schulungsinhalte

Es wurden zwei halbtägige Schulungen durchgeführt, in denen die Testleiter sowie auch die für den Auswahlprozess verantwortlichen Mitarbeiter des Unternehmens den Test kennenlernen konnten. Schwerpunkte der ersten Schulung waren Inhalt, Aufbau und Prinzip des Tests sowie wesentliche Aspekte der Planung, Vorbereitung und Durchführung der Testung. Im Rahmen der zweiten Schulung wurde mit den Verantwortlichen vor allem die Auswertung, Interpretation und Rückmeldung der Testergebnisse besprochen.

5.4 Auswertung, Dokumentation und Interpretation

Alle Ergebnisse auf einen Blick

Die Auswertung der Tests erfolgte anhand einer Excel-Datei, in die nur die einzelnen Antworten im Test eingegeben werden mussten. Alle anderen Auswertungs- und Verrechnungsschritte bis hin zu dem Einfügen von Normwerten erfolgten automatisch von der Excel-Datei, die von den Autoren dieses Buches in Zusammenarbeit mit dem beratenen Unternehmen erstellt wurde. Eine solche Auswertung ist im Vergleich zu der Benutzung von Schablonen deutlich einfacher, schneller und weniger fehleranfällig. Die Dokumentation erfolgt durch Speichern der einzelnen Excel-Files, die pro Bewerber anfallen und alle Details des Testergebnisses enthalten.

Zur Interpretation wurden nur der Gesamtwert des WIT-2 als Indikator für die allgemeine kognitive Leistungsfähigkeit (Intelligenz) und der Kennwert rechnerisches Denken herangezogen. Da die Forschung zur Vorhersage beruflichen Erfolgs deutlich zeigt, dass neben der allgemeinen kognitiven Fähigkeit in der Regel kein spezifischeres Maß der kognitiven Leistungsfähigkeit relevant ist, wurde für das rechnerische Denken lediglich ein moderater Mindestwert definiert. Bewerber, die diesen Mindestwert überschritten hatten, wurden anhand des Gesamtwertes in eine Rangreihe gebracht und die Besten erhielten eine Einladung zu einem Auswahlgespräch.

5.5 Integration der Ergebnisse zu einem Gesamturteil

Die verschiedenen Erkenntnisse, die im Laufe eines Auswahlprozesses von jedem Bewerber anfallen, müssen zu einem Gesamturteil integriert werden. Aus Gründen der Ökonomie wird man natürlich nicht erst alle Ergebnisse von jedem Bewerber sammeln und dann eine Entscheidung treffen. Vielmehr ist es sinnvoll, schrittweise vorzugehen und immer wieder bestimmte Mindesthürden zu definieren, die Bewerber überspringen müssen, um am weiteren Auswahlverfahren teilnehmen zu können.

Im Falle des beratenen Unternehmens wurde eine erste Selektion nach der Analyse der Bewerbungsunterlagen und der Schulnoten vorgenommen. Alle Bewerber, die hier die Mindestkriterien erfüllten, wurden eingeladen, an der beschriebenen Testung teilzunehmen. Im Rahmen dieser Testung waren für das Unternehmen Erkenntnisse zu zwei Fähigkeitsbereichen jedes Bewerbers relevant: die allgemeine kognitive Leistungsfähigkeit und das rechnerische Denken. Alle anderen Kennwerte wurden ignoriert – auch der aus statistischen Gründen weiterhin durchgeführte Mathematiktest des Unternehmens wurde nicht weiter beachtet. Wie bereits erwähnt, wurden Bewerber, die den moderaten Mindestanforderungen an das rechnerische Denken entsprachen, nach der allgemeinen kognitiven Leistungsfähigkeit ausgewählt. Beginnend mit den Besten wurden sie zu einem Auswahlgespräch mit den Personalverantwortlichen des Unternehmens eingeladen.

Im dritten Schritt der Auswahlprozedur – den Auswahlgesprächen – wurden Erkenntnisse gewonnen, die als Indikator für verschiedene (Persönlichkeits-) Eigenschaften und Kompentenzen der Bewerber dienten (z. B. für ihre Zuverlässigkeit). Diese Erkenntnisse wurden aber nicht isoliert betrachtet, um eine endgültige Entscheidung zu treffen. In wissenschaftlichen Untersuchungen zeigt sich zwar, dass strukturierte Interviews als Ergänzung zu Intelligenztests sinnvoll sind. Dennoch weisen Intelligenztests eine weit höhere Prognosegüte auf. Daher wurden auch nach dem dritten Schritt nur Mindestanforderungen an die in dem Interview erfassten Eigenschaften und Kompetenzen festgelegt. Bewerber, die diese dritte Hürde übersprungen haben, erfüllen also die notwendigen Anforderungen an schulischen Leistungen, rechnerischen Fähigkeiten und bringen in ausreichendem Maß die im Interview erfassten Eigenschaften mit (also auch die nötige Motivation und passende Interessen). Sie stellen also eine hoch selegierte Gruppe dar. Wer nun von diesen Bewerbern ein Angebot erhielt, war alleine von der Intelligenz, also dem Gesamtergebnis des WIT-2, abhängig. Das heißt, Bewerber mit dem besten Gesamtergebnis im WIT-2 erhielten ein Angebot.

5.6 Evaluation der Auswahlprozedur

Konkrete Ermittlung der Prognosegüte geplant

Die Prognosegüte einer Auswahlprozedur kann erst ermittelt werden, wenn berufliche Erfolgskriterien für ausreichend viele eingestellte Bewerber vorliegen. Dies ist in dem konkreten Beispiel noch nicht der Fall, ist aber geplant, sobald genügend Daten vorhanden sind. Dann werden die während der Auswahlprozedur angefallenen Ergebnisse in Bezug gesetzt zu IHK-Prüfungsergebnissen, Beurteilung durch die Ausbilder, Beurteilungen durch die einzelnen Abteilungen sowie weiteren Kriterien.

6 Literaturempfehlungen

Amelang, M. & Schmidt-Atzert, L. (2006). *Psychologische Diagnostik und Intervention* (4., vollständig überarbeitete und erweiterte Auflage). Heidelberg: Springer.

Holling, H., Preckel, F. & Vock, M. (2005). *Intelligenzdiagnostik*. Göttingen: Hogrefe.

Kersting, M. (2008). *Qualität in der Diagnostik und Personalauswahl – der DIN-Ansatz*. Göttingen: Hogrefe.

Klinck, D. (2002). Computergestützte Diagnostik. Göttingen: Hogrefe.

Sarges, W. & Wottawa, H. (2004). *Handbuch wirtschaftspsychologischer Testverfahren. Band 1: Personalpsychologische Instrumente* (2., überarbeitete und erweiterte Auflage). Lengerich: Pabst.

Schuler, H. (2006). *Lehrbuch der Personalpsychologie* (2. überarbeitete und erweiterte Auflage). Göttingen: Hogrefe.

Westhoff, K. (2006). *Nutzen der DIN 33430*. Lengerich: Pabst.

Westhoff, K., Hellfritsch, L., Hornke, L. F., Kubinger, K., Lang, F., Moosbrugger, H. et al. (Hrsg.). (2005). *Grundwissen für die berufsbezogene Eignungsbeurteilung nach DIN 33430* (2., überarbeitete Auflage). Lengerich: Pabst.

7 Literatur

Amelang, M. & Schmidt-Atzert, L. (2006). *Psychologische Diagnostik und Intervention* (4., vollständig überarbeitete und erweiterte Auflage). Heidelberg: Springer.

Amelang, M. & Steinmayr, R. (2006). Is there a validity increment for tests of emotional intelligence in explaining the variance of performance criteria? *Intelligence, 34,* 459–468.

Amthauer, R. (1972). *Test zur Untersuchung des praktisch-technischen Verständnisses*. Göttingen: Hogrefe.

Amthauer, R., Brocke, B., Liepmann, D. & Beauducel, A. (2001). *I-S-T 2000 R: Intelligenz-Struktur-Test 2000-R*. Göttingen: Hogrefe.

Bäumler, G. (1974). *Lern- und Gedächtnistest (LGT 3)*. Göttingen: Hogrefe.

Brähler, E., Holling, H., Leutner, D. & Petermann, F. (Hrsg.). (2002). *Brickenkamp Handbuch psychologischer und pädagogischer Tests* (3., vollständig überarbeitete und erweiterte Auflage). Göttingen: Hogrefe.

Brandstätter, H. (1973). Die Ermittlung personaler Eigenschaften kognitiver Art. In G. Reber (Hrsg.), *Personalinformationssysteme* (S. 74–95). Stuttgart: Poeschel.
Brickenkamp, R. (2002). *Test d2: Aufmerksamkeits-Belastungstest* (9., überarbeitete und neu normierte Auflage). Göttingen: Hogrefe.
Brickenkamp, R., Schmidt-Atzert, L. & Liepmann, D. (in Vorbereitung). *Test d2-R – Aufmerksamkeits-Belastungs-Test – revidierte Form.* Göttingen: Hogrefe.
Bühner, M. (2006). *Einführung in die Test- und Fragebogenkonstruktion.* München: Pearson Studium.
Campbell, J. P., Gasser, M. B. & Oswald, F. L. (1996). The substantive nature of job performance variability. In K. R. Murphy (Ed.), *Individual differences and behavior in organizations* (S. 258–299). San Francisco, CA: Jossey-Bass.
Carroll, J. B. (1993). *Human cognitive abilities: A survey of factor-analytic studies.* New York: Cambridge University Press.
Conrad, C., Baumann, E. & Mohr, V. (1980). *Mannheimer Test zur Erfassung des physikalisch-technischen Problemlösens (MTP).* Göttingen: Hogrefe.
Cronbach, L. J. & Gleser, G. C. (1965). *Psychological tests and personnel decisions.* Urbana: University of Illinois Press.
DIN (2002). *DIN 33430: Anforderungen an Verfahren und deren Einsatz bei berufsbezogenen Eignungsbeurteilungen.* Berlin: Beuth.
Dries, C., Krumm, S. & Lux, V. (2006). Prozesszertifizierung der Führungskräfteauswahl nach DIN 33430 in einer deutschen Großbank. In K. Westhoff (Hrsg.), *Nutzen der DIN 33430 – Praxisbeispiele und Checklisten* (S. 140–147). Lengerich: Pabst.
Evers, A. (2001). The revised Dutch rating system for test quality. *International Journal of Testing, 1*, 155–182.
Fay, E. (2006). *Tests unter der Lupe 5. Aktuelle psychologische Testverfahren – kritisch betrachtet.* Göttingen: Vandenhoeck & Ruprecht.
Göhs, N. & Dick, J. (2001). Testverfahren bei der Personalauswahl. *Personal – Zeitschrift für Human Resource Management, 53*, 46–48.
Görlich, Y. & Schuler, H. (2007). *Arbeitsprobe zur berufsbezogenen Intelligenz: Technische und handwerkliche Tätigkeiten (AZUBI-TH).* Göttingen: Hogrefe.
Grove, W. M., Zald, D. H., Lebow, B. S., Snitz, B. E. & Nelson, C. (2000). Clinical versus mechanical prediction: A meta-analysis. *Psychological Assessment, 12* (1), 19–30.
Häcker, H., Leutner, D. & Amelang, M. (1998). *Standards für pädagogisches und psychologisches Testen.* Bern: Huber.
Hausknecht, J. P., Halpert, J. A., Di-Paolo, N. T. & Moriarty-Gerrard, M.-O. (2007). Retesting in Selection: A Meta-Analysis of Coaching and Practice Effects for Tests of Cognitive Ability. *Journal of Applied Psychology, 92*, 373–385.
Hornke, L. F., Arendasy, M., Sommer, M., Häusler, J., Wagner-Menghin, M., Gittler, G. et al. (2004). *Intelligenz-Struktur-Batterie (INSBAT).* Mödling: Schuhfried.
Hornke, L. F. & Etzel, S. (1999). *Verbaler Gedächtnis Test (VERGED).* Mödling: Schuhfried.
Hornke, L. F., Etzel, S. & Rettig, K. (1999). *Adaptiver Matrizentest (AMT).* Mödling: Schuhfried.
Hossiep, R. (1996). Zur Bedeutung der Berufseignungsdiagnostik für den Bereich Personal. *ABO aktuell, 3*(4), 5–10.
Hossiep, R, Turck, D. & Hasella, M. (1999). *Bochumer Matrizentest – advanced (BOMAT).* Göttingen: Hogrefe.
Hülsheger, U. R., Maier, G. W., Stumpp, T. & Muck, P. M. (2006). Vergleich kriteriumsbezogener Validitäten verschiedener Intelligenztests zur Vorhersage von Ausbildungs-

erfolg in Deutschland. Ergebnisse einer Metaanalyse. *Zeitschrift für Personalpsychologie, 5,* 145–162.

Hunter, J. E. & Hunter, R. F. (1984). Validity and utility of alternative predictors of job performance. *Psychological Bulletin, 96* (1), 72–98.

Hunter, J. E., Schmidt, F. L. & Judiesch, M. K. (1990). Individual differences in output variability as a function of job complexity. *Journal of Applied Psychology, 75,* 28–42.

Jäger, A. O. (1984). Intelligenzstrukturforschung: Konkurrierende Modelle, neue Entwicklungen, Perspektiven. *Psychologische Rundschau, 35,* 21–35.

Jäger, A. O., Süß, H. M. & Beauducel, A. (1997). *Berliner Intelligenzstruktur-Test (BIS).* Göttingen: Hogrefe.

Joussen, J. (2004). *Berufs- und Arbeitsrecht für Diplom-Psychologen.* Göttingen: Hogrefe.

Kahneman, D., Slovic, P. & Tversky, A. (1982). *Judgement under uncertainty: Heuristics and biases.* Cambridge: Cambridge University Press.

Kersting, M. (2007). *Qualitätssicherung und -optimierung in der psychologischen (Eignungs-)Diagnostik: Der DIN Ansatz.* Aachen: Dissertationsschrift.

Kersting, M., Althoff, K. & Jäger A. O. (2008). *Wilde Intelligenztest 2 (WIT-2).* Göttingen: Hogrefe.

Kleinmann, M. (2003). *Assessment-Center.* Göttingen: Hogrefe.

Klinck, D. (2002). *Computergestützte Diagnostik: Beeinflusst das Medium der Testverarbeitung die Testcharakteristika, die Testfairness oder das Erleben der Testsituation?* Göttingen: Hogrefe.

Kubinger, K. D. & Proyer, R. T. (2005). Gütekriterien. In K. Westhoff, L. Hellfritsch, L. F. Hornke, K. Kubinger, F. Lang, H. Moosbrugger, A. Püschel & G. Reimann (Hrsg.), *Grundwissen für die berufsbezogene Eignungsbeurteilung nach DIN 33430.* Lengerich: Pabst.

Lienert, G. A. & Schuler, H. (1994). *Revidierter Allgemeiner Büroarbeitstest (ABAT-R).* Göttingen: Hogrefe.

Liepmann, D., Beauducel, A., Brocke, B. & Amthauer, R. (2007). *Intelligenzstrukturtest 2000 R (I-S-T 2000 R) – 2., erweiterte und überarbeitete Auflage.* Göttingen: Hogrefe.

Mayer, J. D., Salovey, P. & Caruso, D. (2000). Models of emotional intelligence. In R. J. Sternberg (Hrsg.), *Handbook of intelligence* (S. 396–420). Cambridge: Cambridge University Press.

Mertin, I., Schmidt-Atzert, L., Krumm, S., Schiffer, S. & Kordt, A. (2007). Development of an innovative intelligence test. *9th European Conference on Psychological Assessment, Thessaloniki.*

Moosbrugger, H. & Goldhammer, F. (2006). *Frankfurter Adaptiver Konzentrationsleistungs-Test (FAKT-II) – Grundlegend neu bearbeitete und neu normierte 2. Auflage des FAKT von Moosbrugger und Heyden (1997).* Bern: Verlag Hans Huber.

Moosbrugger, H., Stemmler, G. & Kersting, M. (2008). Qualitätssicherung und -optimierung im Aufbruch: Die ersten Testrezensionen nach dem neuen TBS-TK-System. *Report Psychologie, 33,* 299–300.

Neisser, U., Boodoo, G., Bouchard, T. J. J., Boykin, A. W., Brody, N., Ceci, S. J. et al. (1996). Intelligence: Knowns and unknowns. *American Psychologist, 51,* 77–101.

Powers, D. E. (1986). Relations of test item characteristics to test preparation/test practice effects: A quantitative summary. *Psychological Bulletin, 100,* 67–77.

Raven, J. C., Court, J. H. & Raven, J. (1998). *Raven's Standard Progressive Matrices.* Mödling: Schuhfried.

Raven, J. C., Court, J. H. & Raven, J. (1998). *Raven's Advanced Progressive Matrices.* Mödling: Schuhfried.

Rivera, R. J. & Paradise, A. (2006). *State of the Industry in Leading Enterprises: ASTD's Annual Review of Trends in Workplace learning and performance.* Alexandria, VA: American Society for Training & Development.

Salgado, J. F., Anderson, N., Moscoso, S., Bertua, C. & de Fruyt, F. (2003). International validity generalization of GMA and cognitive abilities: A European community meta-analysis. *Personnel Psychology, 56* (3), 573–605.

Salgado, J. F., Anderson, N., Moscoso, S., Bertua, C., de Fruyt, F. & Rolland, J.-P. (2003). A meta-analytic study of general mental ability validity for different occupations in the European Community. *Journal of Applied Psychology, 88* (6), 1068–1081.

Sarges, W. & Wottawa, H. (2004). *Handbuch wirtschaftspsychologischer Testverfahren* (2. überarbeitete und erweiterte Auflage). Lengerich: Pabst Science Publishers.

Schmidt-Atzert, L. (2003). Das Mögliche machen – Diskussionsbeitrag zum Themenschwerpunkt Emotionale Intelligenz. *Zeitschrift für Personalpsychologie, 2,* 24–26.

Schmidt-Atzert, L. (2005). Ergebnisse einschlägiger Evaluationsstudien. In K. Westhoff, L. Hellfritsch, L. F. Hornke, K. Kubinger, F. Lang, H. Moosbrugger, A. Püschel & G. Reimann (Hrsg.), *Grundwissen für die berufsbezogene Eignungsbeurteilung nach DIN 33430* (2., überarbeitete Auflage). (S. 225–230). Lengerich: Pabst.

Schmidt-Atzert, L. (2007). *Objektiver Leistungsmotivations-Test (OLMT).* Mödling: Schuhfried.

Schmidt-Atzert, L. & Deter, B. (1993). Intelligenz und Ausbildungserfolg: Eine Untersuchung zur prognostischen Validität des I-S-T 70. *Zeitschrift für Arbeits- und Organisationspsychologie, 37* (2), 52–63.

Schmidt-Atzert, L., Deter, B. & Jäckel, S. (2004). Prädiktion von Ausbildungserfolg: Allgemeine Intelligenz (g) oder spezifische kognitive Fähigkeiten? *Zeitschrift für Personalpsychologie, 3* (4), 147–158.

Schmidt, F. L. & Hunter, J. (2004). General Mental Ability in the World of Work: Occupational Attainment and Job Performance. *Journal of Personality and Social Psychology, 86* (1), 162–173.

Schmidt, F. L. & Hunter, J. E. (1998). The validity and utility of selection methods in personnel psychology. *Psychological Bulletin, 124* (2), 262–274.

Schmidt, F. L. Ones, D. S. & Hunter, J. E. (1992). Personnel selection. In M. R. Rosenzweigh & L. W. Porter (Hrsg.), *Annual review of psychology* (S. 627–670). Palo Alto, CA: Annual Reviews.

Schuler, H. (1992). Das Multimodale Einstellungsinterview. *Diagnostica, 38*(4), 281–300.

Schuler, H. (2006). *Lehrbuch der Personalpsychologie* (2., überarbeitete und erweiterte Auflage). Göttingen: Hogrefe.

Schuler, H., Hell, B., Trapmann, S., Schaar, H. & Boramir, I. (2007). Die Nutzung psychologischer Verfahren der externen Personalauswahl in deutschen Unternehmen. Ein Vergleich über 20 Jahre. *Zeitschrift für Personalpsychologie, 6* (2), 60–70.

Schuler, H. & Höft, S. (2004). Diagnose beruflicher Eignung und Leistung. In H. Schuler (Hrsg.), *Lehrbuch Organisationspsychologie* (Bd. 3, S. 289–343). Bern: Hans Huber.

Schuler, H. & Klingner, Y. (2005). *Arbeitsprobe zur berufsbezogenen Intelligenz – Büro- und kaufmännische Tätigkeiten (AZUBI-BK).* Göttingen: Hogrefe.

Stephan, U. & Westhoff, K. (2002). Personalauswahlgespräche im Führungskräftebereich des deutschen Mittelstandes: Bestandsaufnahme und Einsparungspotential durch strukturierte Gespräche. *Wirtschaftspsychologie, 4,* 3–17.

Sturm, W. (2006). *Testbatterie zur Erfassung von Wahrnehmungs- und Aufmerksamkeitsfunktionen (WAF).* Mödling: Schuhfried.

Testkuratorium der Föderation deutscher Psychologenverbände (1986). Beschreibung der einzelnen Kriterien für die Testbeurteilung. *Diagnostica, 32* (4), 358–360.

Van Zomeren, A. H. & Brouwer, W. H. (1994). *Clinical Neuropsychology of Attention*. New York: Oxford Press.

von Hoyningen-Huene, G. & Püttner, I. (1997). *Der psychologische Test im Betrieb – Rechtsfragen für die Praxis*. Heidelberg: Sauer.

Weiß, R. H. (2006). *Grundintelligenztest Skala 2 – Revision (CFT 20-R)*. Göttingen: Hogrefe.

Westhoff, K., Hellfritsch, L., Hornke, L. F., Kubinger, K., Lang, F., Moosbrugger, H. et al. (Hrsg.). (2005). *Grundwissen für die berufsbezogene Eignungsbeurteilung nach DIN 33430* (2., überarbeitete Auflage). Lengerich: Pabst.

Zimmermann, P. & Fimm, B. (2004). Die Testbatterie zur Aufmerksamkeitsprüfung (TAP). In G. Büttner & L. Schmidt Atzert (Hrsg.), *Diagnostik von Konzentration und Aufmerksamkeit* (S. 177–202). Göttingen: Hogrefe.

Testbeschreibungen

Testindex

Jörg Felfe

Mitarbeiterbindung

(Reihe: »Wirtschaftspsychologie«)
2008, 259 Seiten, geb.,
€ 36,95 / sFr. 62,–
ISBN 978-3-8017-2132-9

Das Buch zeigt psychologische Dimensionen und Mechanismen der Mitarbeiterbindung auf und vermittelt notwendige Kenntnisse, Ansätze und Strategien zur Erhaltung und Steigerung der Bindung. Der Leser erhält einen komprimierten Überblick über die einschlägigen Konzepte und die relevanten empirischen Befunde zu Bedingungen und Konsequenzen von Bindung und Identifikation. Besonders thematisiert wird die Mitarbeiterbindung im Zusammenhang mit Fusionen, Zeitarbeit sowie in unterschiedlichen Kulturen.

Martin Kersting

Qualität in der Diagnostik und Personalauswahl – der DIN-Ansatz

2008, 212 Seiten,
€ 29,95 / sFr. 49,90
ISBN 978-3-8017-2151-0

Die DIN-Norm 33430 aus dem Jahr 2002 beschreibt Qualitätsstandards für die berufsbezogene Eignungsbeurteilung und legt Anforderungen für alle an der Eignungsbeurteilung beteiligten Personen fest. Diese Qualitätskriterien werden ausführlich vorgestellt. Das Buch bietet sechs thematisch geordnete Checklisten, mit denen man prüfen kann, ob die eigenen Prozesse den Qualitätsstandards der DIN-Norm 33430 gerecht werden bzw. welche konkreten Optimierungsmöglichkeiten bestehen.

Heinz Schuler
Karlheinz Sonntag (Hrsg.)

Handbuch der Arbeits- und Organisationspsychologie

(Reihe: »Handbuch der Psychologie«, Band 6)
2007, 838 Seiten, geb.,
€ 59,95 / sFr. 99,–
(Bei Abnahme von mind. 4 Bänden der Reihe € 49,95 / sFr. 84,–)
ISBN 978-3-8017-1849-7

Das Handbuch vermittelt die Essenz des heutigen Wissens auf dem Gebiet der Arbeits- und Organisationspsychologie. Auf der Basis der wichtigsten Theorien und Methoden spannen die Beiträge einen weiten Bogen, der von der Arbeitsgestaltung über individuelles und Gruppenverhalten, Personalgewinnung und -auswahl bis zur Veränderung von Organisationen reicht. Das Handbuch eignet sich zur raschen und kompetenten Information für alle, die an Fragen der Arbeits- und Organisationspsychologie interessiert sind.

Jörg Felfe
Detlev Liepmann

Organisationsdiagnostik

(Reihe: »Kompendien Psychologische Diagnostik«, Band 10)
2008, 140 Seiten,
€ 24,95 / sFr. 42,–
ISBN 978-3-8017-1702-5

Das Buch gibt einen Überblick darüber, wie die Komplexität organisationalen Geschehens erfasst werden kann. Vorrangige Strategie ist hierbei die Integration der individuellen Ebene (Erleben, Befinden und Verhalten), der Gruppenebene (Team, Kommunikation, Interaktion) sowie der organisationalen Ebene (Struktur, Kontext, Kultur). Die exemplarisch vorgestellten Erhebungsinstrumente berücksichtigen sowohl historisch gut eingeführte und erprobte Verfahren als auch neuere Entwicklungen. Der Band vermittelt zudem einen Einblick in die wichtigsten Anwendungsfelder und Strategien, bei denen Organisationsdiagnostik erforderlich ist.

HOGREFE

Hogrefe Verlag GmbH & Co. KG
Rohnsweg 25 · 37085 Göttingen · Tel: (0551) 49609-0 · Fax: -88
E-Mail: verlag@hogrefe.de · Internet: www.hogrefe.de

Praxis der Personalpsychologie

hrsg. von Heinz Schuler · Rüdiger Hossiep · Martin Kleinmann und Werner Sarges

Daniela Lohaus

Leistungsbeurteilung

Band 18: 2009, VI/141 Seiten,
€ 19,95 / sFr. 33,90
ISBN 978-3-8017-2090-2

Elisabeth Kals
Heidi Ittner

Wirtschafts-mediation

Band 17: 2008, VIII/111 Seiten,
€ 19,95 / sFr. 33,90
ISBN 978-3-8017-2016-2

Rüdiger Hossiep
Jennifer Esther Bittner
Wolfram Berndt

Mitarbeitergespräche
motivierend, wirksam, nachhaltig

Band 16: 2008, VI/108 Seiten,
€ 19,95 / sFr. 33,90
ISBN 978-3-8017-1717-9

Weitere Bände der Reihe:

Band 1 Scherm/Sarges: 360°-Feedback ISBN 978-3-8017-1483-3 · **Band 2** Rauen: Coaching (2., aktualisierte Auflage 2008) ISBN 978-3-8017-2137-4 · **Band 3** Kleinmann: Assessment-Center ISBN 978-3-8017-1493-2 · **Band 4** Nerdinger: Kundenorientierung ISBN 978-3-8017-1476-5 · **Band 5** van Dick: Commitment und Identifikation mit Organisationen ISBN 978-3-8017-1713-1 **Band 6** Kühlmann: Auslandseinsatz von Mitarbeitern ISBN 978-3-8017-1495-6 · **Band 7** Rummel/Rainer/Fuchs: Alkohol im Unternehmen ISBN 978-3-8017-1885-5 · **Band 8** van Dick/West: Teamwork, Teamdiagnose, Teamentwicklung ISBN 978-3-8017-1865-7 · **Band 9** Hossiep/Mühlhaus: Personalauswahl und -entwicklung mit Persönlichkeitstests ISBN 978-3-8017-1490-1 · **Band 10** Kanning: Soziale Kompetenzen ISBN 978-3-8017-1775-9 · **Band 11** Becker/Kramarsch: Leistungs- und erfolgsorientierte Vergütung für Führungskräfte ISBN 978-3-8017-1928-9 · **Band 12** Schmidt/Kleinbeck: Führen mit Zielvereinbarung ISBN 978-3-8017-1491-8 · **Band 13** Schuler/Görlich: Kreativität ISBN 978-3-8017-2028-5 · **Band 14** Regnet: Konflikt und Kooperation ISBN 978-3-8017-1737-7 · **Band 15** Nerdinger: Unternehmensschädigendes Verhalten erkennen und verhindern ISBN 978-3-8017-1971-5

Die Reihe zur Fortsetzung bestellen :

Bestellen Sie jetzt die Reihe **Praxis der Personalpsychologie** zur Fortsetzung, und Sie erhalten alle Bände automatisch nach Erscheinen zum günstigen Fortsetzungspreis von je € 15,95 / sFr. 26,80. Ihre Fortsetzungsbestellung umfasst eine Mindestabnahme von vier Titeln in Folge, danach können Sie jederzeit schriftlich kündigen.

www.hogrefe.de

HOGREFE

Hogrefe Verlag GmbH & Co. KG
Rohnsweg 25 · 37085 Göttingen · Tel: (0551) 49609-0 · Fax: -88
E-Mail: verlag@hogrefe.de · Internet: www.hogrefe.de